MONIKA WEGLER

GERD LUDWIG

TYPISCH HUND

Der Schlüssel zur Seele Ihres Hundes

Monika Wegler   Gerd Ludwig

TYPISCH HUND

Der Schlüssel zur Seele Ihres Hundes

INHALT

1. EIN LEBEN
IM LAUFSCHRITT 6

Täglich auf Tour 8
Schritt, Trab und Galopp 10
Schon gewusst? Körpergröße, Laufen, Jagdtrieb 11
Hier geht die Post ab 12
Acht Wege, um Ihrem Hund Beine zu machen 14
Besonderheiten der Hundeanatomie 15
Blondies Geschichte Volldampf voraus! 16
Regeln für Spiel und Sport 19
Nachgefragt Sport treiben ohne Risiko 19

2. GANZ NASE
UND OHR 20

Nasenwelt kontra Bilderwelt 22
Duftende Visitenkarten 23
Immer auf Horchposten 24
Augen, die jede Bewegung registrieren 25
Erstaunliche und unerklärliche Sinnesleistungen 27
Special Die Supernase 28
Ihr Hund erkennt Sie am Geruch 30
Laut ist out 31
Schon gewusst? Geruchsprobe, Markieren 31
Im Alter lassen die Sinne nach 32
Besser verstehen und verständigen 32

3. WÜHLMÄUSE
& BETTLER 34

Vorlieben und kleine Macken 36
Paulchen und der Postbote 36
Ererbtes Verhalten und stereotype Handlungen 37
Unerwünschtes Verhalten 39
Schon gewusst? Auffälliges Verhalten, Katzen 39
Verhaltensänderungen bei älteren Hunden 40

4. ZUSAMMEN
STARK SEIN 42

Vom Wesen des Hundes 44
Manchmal muss das Glück kleine Umwege machen 44
Die komplexe Welt des Wolfsrudels 46
Schon gewusst? Verwilderte Hunde, Domestikation 47
Foto-Story Wie sich Hunde kennenlernen 48
Kennzeichen Hund 50
Nachgefragt Sind Hunde dümmer als Wölfe? 53
Ninas Geschichte Die beste Freundin von allen 54

5. GAR NICHT
MAULFAUL 56

Sprachbegabte Gesellschaftslöwen 58
Wölfe gehen höflich miteinander um 59
Körpersprache 60
Special Was Hunde sagen wollen 62
Lautsprache 65
Schon gewusst? Sprache, Träume, Duftmarken 65
Rassebedingte Sprachprobleme 66

6. FREUNDE FÜRS LEBEN 68

Auf den Hund gekommen 70
Im Dienste des Menschen 71
Schon gewusst? Lebensqualität, Stadthunde, Revier 73
Pumuckls Geschichte Ich liebe sie alle 74
So machen Sie Ihren Hund glücklich 76
Foto-Story Der ultimative Bade- und Spielspaß 78
Kinder brauchen Hunde 80
Ganz ohne Erziehung geht es nicht 82
Nachgefragt Sind Hunde die besseren Therapeuten? 83
Wenn mein Hund nicht so will wie ich 84

7. ALLES GESCHMACKSACHE 86

Satt werden ist nicht die Frage 88
So ernähren Sie Ihren Hund richtig 90
Nachgefragt Sind Leckerbissen erlaubt? 91
Die wichtigsten Fütterungsregeln 92
Schon gewusst? Gebiss, vergrabenes Fleisch 93

8. DIE MACHT DER TRIEBE 94

In den Zeiten der Liebe 96
Das Liebeswerben der Rüden 99
Schon gewusst? Paaren, Wurfgeschwister, Läufigkeit 99
Die Babys sind unterwegs 100
Die natürlichste Sache der Welt 102
Nachgefragt Zu jung für Kinder? 103

Wann ist eine Kastration sinnvoll? 104
Züchten mit Rassehunden 104

9. MAMA MACHT DAS SCHON 106

Sonnenschein und Stress 108
Wolfswelpen haben viele Tanten 109
Viel Wärme, viel Schlaf und Mamas beste Milch 110
Kinder- und Jugendzeit 112
Schon gewusst? Geburt, Scheinträchtigkeit, Welpen 113
Foto-Story Die Welpen entdecken die Welt 114
Wenn ein junger Hund ins Haus kommt 116

10. SPORT, SPIELE UND JOBS 118

Immer im Training 120
Die schönsten Spiele für drinnen und draußen 123
Pfiffiges für ausgeschlafene Hunde 124
Dr. Watsons Geschichte Agility ist das Größte 126
Für jeden Hund die richtige Sportart 129
Schon gewusst? Pfoten, Gassigehen, Hundeschule 129
Foto-Story Der Wellenreiter und die Flaschenpost 130

ANHANG

Glossar 132
Monika Wegler: Making of ... 136
Register 138
Adressen, die weiterhelfen 141
Impressum 144

EIN LEBEN IM LAUFSCHRITT

Der Hund ist zum Laufen geboren. Von Anatomie und Physiologie ist sein Körper auf hohe Dauerleistung ausgelegt. Selbst ein mehrstündiger Trab kann die meisten Vierbeiner nicht aus der Puste bringen.

TÄGLICH AUF TOUR Ob Spitz, Chihuahua, Papillon, Pudel, Husky oder Dalmatiner, regelmäßige Bewegung ist für jeden Hund ein Muss. Die unbändige Lust am Laufen kennzeichnet alle Mitglieder der Familie der Hundeartigen, den Wolf als direkten Vorfahren unserer Haushunde ebenso wie Kojote, Schakal oder Fuchs. Manche bringen es im Sprint

auf ein rekordverdächtiges Spitzentempo, Kojoten zum Beispiel auf 65 Stundenkilometer. Windhunde, allen voran die Greyhounds, überbieten diese Marke noch mit Top-Speed 70. Mit ihrem schmalen Körper, der tiefen Brust und den langen Läufen ähneln Windhunde dem Geparden, auch wenn ihnen das schnellste Landtier der Erde mit atemberaubenden 110 Stundenkilometern doch noch das Nachsehen gibt.

RENNEN, WAS DAS ZEUG HÄLT

Man schreibt das Jahr 1925. In der weltabgeschiedenen Ortschaft Nome im äußersten Westen Alaskas grassiert eine Diphtherieepidemie. In einem Wettlauf gegen die Zeit kämpfen sich zwanzig Schlittenhundeführer (Musher) mit ihren Gespannen fernab befestiger Wege durch Eis und Schnee und bringen die lebensrettende Medizin nach Nome. Dabei legen sie die über 1.850 Kilometer zwischen Anchorage und

Nome in fünfeinhalb Tagen zurück, eine Strecke, für die man damals normalerweise drei Wochen brauchte. Die legendäre Parforcejagd ist heute eine rein sportliche Veranstaltung, folgt aber noch immer den alten Trails bis zum Rand des Beringmeers. Für die Musher, die beim jährlichen Iditarod Schlittenhunderennen mit bis zu 16 Hunden an den Start gehen, ist es die ultimative Herausforderung, ein Kampf am Limit und oft darüber hinaus – trotz Satellitennavigation und Hightech-Outdoorkleidung. Unterwegs ist jeder auf sich alleine gestellt, auf sich und seine Hunde. Das sind in der Regel Siberian Huskys, Eskimohunde und Alaskan Malamutes, denen arktische Temperaturen wenig anhaben können und die selbst nach acht oder neun Tagen im Sprinttempo ihre Laufstärke und Ausdauer unter Beweis stellen. Die schnellsten erreichen Nome nach weniger als zehn Tagen, und man hat fast den Eindruck, dass die meisten der vierbeinigen Champions jederzeit weiterlaufen könnten.

Wie alle Schlittenhunde gehören Siberian Huskys zu den absoluten Ausdauerläufern. In Kälte und Schnee sind sie in ihrem Element.

Um Schlittenhunde in voller Aktion zu erleben, muss man nicht nach Alaska fliegen; auch bei uns, in allen anderen Alpenländern und überall, wo Wintersport getrieben wird, haben sich die Rennen längst zu Zuschauermagneten entwickelt. Mit welcher Leidenschaft die Hunde dabei sind, zeigt sich schon vor dem Start, wenn die Gespanne kaum noch zu halten sind.

GO SLOW – NICHTS FÜR HUNDE

Auch wenn Ihr Vierbeiner mit den austrainierten Spitzensportlern vor dem Schlitten nicht mithalten kann, schätzt er ebenso wie die gesamte Verwandtschaft der Hundeartigen (Caniden) eine forcierte Gangart. Go slow und nur bei Bedarf einen Zahn zulegen ist Katzenart, aber nichts für den Hund. Seine typische Gangart ist ein raumgreifender

und fast mühelos wirkender Trab, den viele Hunde über Stunden beibehalten können. Und beileibe kein Zuckeltrab: Als Hetzjäger müssen Caniden ihrer meist leichtfüßigen Beute dicht auf den Fersen bleiben, um sie zu ermüden oder einzukreisen, wie es zum Beispiel die Rudeltaktik der Wölfe ist. Ein Wolf kann dabei richtig Tempo machen und bringt es auf über 50 km/h.

Volle Kanne: Wenn er dürfte, wie er wollte, würde dieser English Springer Spaniel den lieben langen Tag am Strand herumtoben.

SCHRITT, TRAB UND GALOPP

Hunde können im Schritt gehen und in den Trab oder Galopp fallen, wobei man jeweils noch zwischen gemäßigter und schneller Gangart unterscheidet. Im Schritt werden die Beine einzeln nacheinander aufgesetzt (»Viertaktgangart«), mindestens ein Bein ist immer am Boden; eine Schwebephase, bei der alle Beine in der Luft sind, gibt es nicht. Die wiederum ist

deutlich im schwungvollen Trab, bei dem jeweils das diagonale Beinpaar gleichzeitig nach vorne ausgreift (»Zweitakt«) und alle vier Beine zwischen den Bewegungsphasen für kurze Zeit keine Bodenberührung haben. Der Galopp als schnellste Gangart ist im Prinzip eine Aneinanderreihung von Sprüngen (→ Seite 12). Die Schwebephase ist hier besonders deutlich ausgeprägt. Ein Hund, der sich frei bewegen darf, verfällt fast

Im Spiel mit den Wellen kann man herrlich seine Fitness und Schnelligkeit beweisen und mit ihnen um die Wette rennen.

Wasserscheu gilt für Springer Spaniels nicht. Nach der Bade-Show hilft kräftiges Schütteln, um das pudelnasse Fell zu trocknen.

immer in den Mitteltrab (der auch als Trollen bezeichnet wird). Dass er sich an der Leine dem Schritt seines Menschen anpasst, liegt an der guten Erziehung zur Leinenführigkeit. Woran sein Herz aber wirklich hängt, merkt man spätestens, wenn die Leine ausgeklinkt und er mit »Lauf!« auf die Reise geschickt wird.

Ob dick oder dünn, ob kurze oder lange Beine: Die Mehrheit der Hunde ist läuferisch top und beweist so viel Ausdauer, dass es selbst trainierten Joggern den Schweiß in die Augen treibt, wenn sie mithalten wollen. Gegen den Highspeed von Sprintkönigen à la Afghane und Saluki ist sowieso kein Kraut gewachsen. Die allerdings müssen ihrer Schnelligkeit nach relativ kurzer Zeit Tribut zollen und eine gemäßigtere Gangart einschlagen oder kurze Verschnaufpausen einlegen.

SCHON GEWUSST?

- Die Körpergröße beim Hund wird als Schulter- oder Widerristhöhe angegeben und am höchsten Punkt hinter dem Hals gemessen. Das geht am besten mit einem Meterstab, an den man eine Querlatte anlegt. Auf Rassehunde-Shows werden auch spezielle Kynometer-Stäbe benutzt.

- Der Dackel hat den besten Laufstil – trotz der kurzen Beine. Verantwortlich dafür ist seine lange und flexible Wirbelsäule, die eine fast optimale Laufbewegung im Sprunggalopp erlaubt.

- Der Jagdtrieb der Windhunde ist so extrem, dass er schon von fallenden Blättern ausgelöst werden kann. Afghanen und Co. dürfen daher nur an der Leine spazieren gehen.

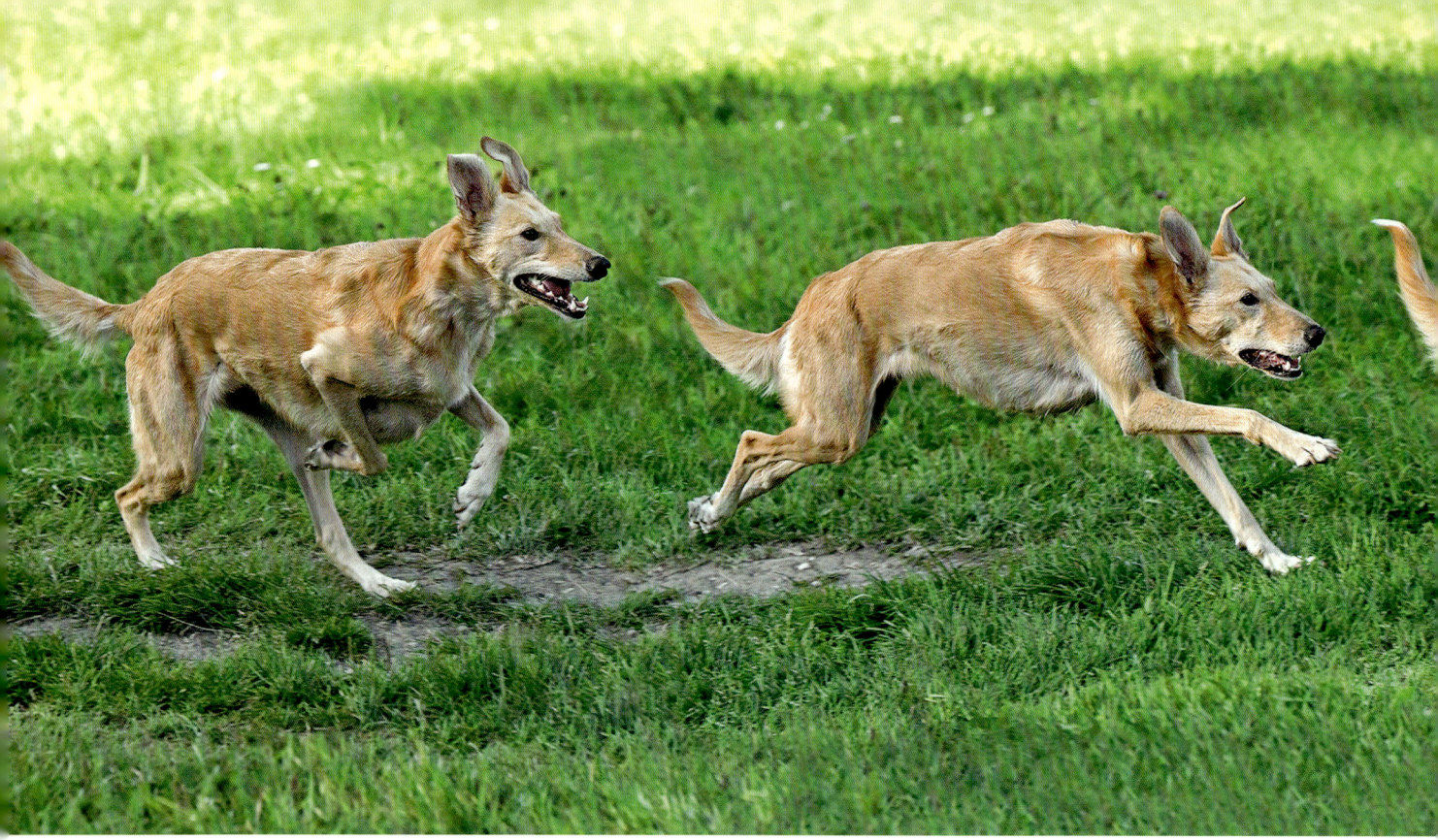

HIER GEHT DIE POST AB

Wenn Eile geboten ist, können Hunde richtig Dampf machen. Im Sprunggalopp erreichen nicht nur Leistungssportler wie Irish Setter, Dobermann oder Dalmatiner Top-Speed, auch Kleinrassen wie Zwergpudel, Dackel und West Highland sind angesichts einer vorwitzigen Katze schneller auf und davon, als es ihrem Besitzer lieb ist. Mehr als im Schritt und Trab spielt beim Galopp das Rumpfskelett mit Brust- und Lendenwirbelsäule eine entscheidende Rolle.

Der Galopp ist eine asymmetrische Dreitaktgangart: Nach dem ersten Hinterbein setzt das zweite zeitgleich mit dem Vorderbein der anderen Seite auf, danach folgt das zweite Vorderbein. Der gewaltige Schub der Hinterhand sorgt dafür, dass sich die Rumpfbrücke in der Sprungphase wie eine Bogensehne krümmt, die hinteren Läufe weit nach vorne greifen und neben oder – im sehr schnellen Lauf – sogar vor den Vorderläufen aufsetzen (starker Galopp). Nur wenn sich der Hund im Sprunggalopp vorwärtsbewegt, ist sein Körper in der Schwebephase völlig gestreckt.
Über das Hüftgelenk, seine Bänder und die Muskulatur sind die Hinterbeine fest, gleichzeitig aber auch beweglich mit

dem Becken verbunden. Diese besondere Verbindung zwischen Rumpf und Extremitäten sorgt dafür, dass die Beine den beim Laufen nötigen Vorwärtsschub erzeugen können. Brust- und Lendenwirbelsäule des Hundes sind etwa gleich lang. Der Lendenbereich kann im Galopp stark gebeugt werden. Erst dadurch ist der rennende Hund in der Lage, seine hinteren Läufe sehr weit vorne aufzusetzen.

Vom Schultergürtel ist beim Hund nur das Schulterblatt geblieben. Die Vorderbeine sind lediglich durch Muskeln und Sehnen mit dem Rumpf verbunden, was beim Abfedern des Körpers entscheidende Vorteile hat und die Gelenkabnutzung verringert. Die Bewegungsrichtung der Vorderbeine liegt in einer Ebene (vor und zurück), seitlich ausholende und umgreifende Bewegungen sind kaum möglich. Für das Lauftier Hund bedeutet das aber keine Einschränkung.

Die Zehen- und Sohlenballen der Pfoten sind gut gepolstert, ihre derbe, ledrige Hautbedeckung garantiert – ähnlich einem Autoreifen – sicheren Bodenkontakt, auch beim abrupten Wechsel der Laufrichtung. Beim Kurvenlauf liegt das erhöhte Körpergewicht auf den Vorderbeinen, während die Hinterbeine für gleichbleibenden Schub sorgen. Ein menschlicher Sprinter muss in der Kurve deutlich abbremsen, der Hund kann das einmal gewählte Lauftempo ohne Probleme unverändert beibehalten.

Zur Jagd nach Stöckchen, Wurfring oder Bringholz muss man keinen Hund lange animieren. Manche Vierbeiner könnten damit den ganzen Tag verbringen.

ACHT WEGE, UM IHREM HUND BEINE ZU MACHEN

Allein aus Zeitmangel können viele Hundebesitzer nicht voll ins Sportge-schäft mit ihrem Vierbeiner einsteigen und täglich joggen oder für Agility-Wettbewerbe trainieren. Aber es geht auch eine Nummer kleiner, wenn man seinen Hund in Bewegung halten und glücklich machen will.

1. Lassen Sie Ihren Hund von der Leine – wo immer möglich und erlaubt. Er kann sein Lauftempo frei wählen, muss nicht im eintönigen Schritt neben Ihnen bleiben und legt im Vergleich zum Spaziergang an der Leine die drei- bis vierfache Strecke zurück.

2. »Hol 's Stöckchen!« ist der Klassiker, um den Hund auf Touren zu bringen. Besser noch eignen sich Wurfring oder ein leichtes Bringholz. Der beste Platz für Apportier-Aktionen ist eine Wiese, wo Sie Ihren Hund unter Kontrolle haben und er sich nicht verletzen kann.

3. Das Stöckchen ist auch die probate Methode, um hartnäckigen Couch-Potatos auf die Sprünge zu helfen, vor allem dann, wenn es fürs Bringen einen (natürlich gesunden) Leckerbissen gibt.

4. Kombinieren Sie die tägliche Gassi-Tour mit einzelnen Hindernisübungen, ähnlich den Fitness-Stationen auf unse-rem Jogging-Pfad: Balancieren auf Baumstämmen, Sprünge über Gräben und Büsche, Slalom um die Bäume.

5. Schwimmen macht fit. Aber bitte nur in erlaubten Gewässern und nicht dort, wo Wasservögel brüten. Wasserscheue Tiere nicht zum Baden zwingen. Winter-regeln beachten (→ Seite 19).

6. Neben dem Fahrrad kommen lauf-freudige Vierbeiner auf ihre Kosten. Die Radtour kann das tägliche Gassigehen aber nicht ersetzen.

7. Ein Hindernisparcours im Garten macht fit für Agility und Hundesport im Verein. Mit etwas Geschick lassen sich Hürden, Wippe, Tunnel, Schrägwand, Laufsteg und Slalom selbst basteln.

8. Dem Ball kann kaum ein Vierbeiner widerstehen (→ Seite 123). Ideal ist ein Rasenstück im Garten, mit Kleinhunden darf bei Hundewetter auch im Hausflur gespielt werden.

Der Trab ist eine ökonomische Bewegung und
die typische Gangart des Hundes.
Die Übergänge vom Trab zum Galopp sind fließend.

WAS HAT IHR HUND SPORTLICH DRAUF?

Was kann Ihr Hund am besten? Ist er spurtstark? Eher der
Marathontyp? Oder bringt er das Zeug zum Agility-Star mit?
Die Langläufer Dobermann, Dalmatiner, Collie, Irish Setter,
Beagle, Jack Russell Terrier, Siberian Husky, Golden Retriever,
Labrador Retriever, Picard, Samojede, Sheltie.
Die Top-Sprinter Afghane, Greyhound, Saluki, Whippet,
Sloughi, Barsoi.
Die Allroundathleten Border Collie, Bobtail, Boxer, Pinscher,
Spitz, Airedale Terrier, Kromfohrländer, Foxterrier, Bedlington
Terrier, Pudel, Cocker Spaniel, Deutscher Schäferhund.
Die pfiffigsten Partner für Sportspiele Border Collie, West
Highland Terrier, Foxterrier, Zwergschnauzer, Boxer, Bobtail,
Bearded Collie, Pudel, Spitz, Beagle, Jack Russell Terrier.

BESONDERHEITEN DER HUNDEANATOMIE

Es gibt über 400 Hunderassen – Zwerge und Riesen, kurz-
und langbeinige, Superschlanke und Schwergewichtler. Doch
hinter allen verbirgt sich immer noch der ursprüngliche Läu-
fer und Hetzjäger: Kräftige Beine sorgen für raumgreifende
Bewegung mit viel Schub aus der Hinterhand; ein leistungs-
fähiges Herz-Kreislauf-System erlaubt hohe Dauerleistungen;
das mehrlagige Fell schützt vor Kälte, Wind und Nässe.
● Hunden fehlt das Schlüsselbein, das bei anderen Säugern
Schulterblatt und Brustbein verbindet. Vorteile: verbesserte
Sprungfähigkeit, elastischeres Abfedern der Laufbewegung.

● Hunde sind Zehengänger. Nur ein kleiner Teil des Fußes
berührt beim Laufen den Boden. Vorteile: bessere Beschleu-
nigung und höhere Laufgeschwindigkeiten. Sohlengänger wie
die Bären bewegen sich vergleichsweise langsam fort.
● Hunde haben ein großes Herz, das durchschnittlich ein
Prozent ihres Körpergewichts (Mensch: ca. 0,4 Prozent) aus-
macht, bei den Windhunden sogar bis zu 1,3 Prozent. Vorteile:
verbesserte Ausdauer, höheres Leistungsvermögen.

Verfolgungsspiele sind das Sahnehäubchen. »Hol 's dir!«
muss man seinem Hund selten zweimal sagen.

VOLLDAMPF VORAUS! Joggen mit Tina ist für mich das absolute Highlight der Woche. Zu zweit macht das tierisch viel Spaß. Unsere Renntage sind der Mittwoch und Sonntag, und da wir beide keine Morgenmuffel sind, laufen wir schon in aller Herrgottsfrühe los. Ich kann es oft gar nicht abwarten, bis sich Tina endlich ihre Joggingschuhe anzieht.

Joggen im Team Ich habe mich ans gemeinsame Joggen zuerst einmal gewöhnen müssen. Im Wald riecht es überall aufregend. Da habe ich dann gebremst, um ein bisschen zu schnüffeln. Tina war von den ständigen Stopps wenig angetan. Sie hat mich an die Leine genommen, bis ich im gleichmäßigen Tempo an ihrer Seite blieb. Heute sind wir ein perfekt harmonierendes Team, das locker an den vielen Möchtegern-Joggern vorbeizieht. Tina weiß natürlich, dass ich für mein Leben gern die Gegend mit der Nase erkunde. Also verzichten wir selbst an den Lauftagen nicht aufs normale Gassigehen.

Laufen in allen Variationen Wenn Tina keine Zeit für die Jogging-Runde hat, schnappt sie sich das Rad, und ich darf richtig Gas geben. Meist reichen schon 20 Minuten, und ich bin ein rundum

BLONDIE

Blondie ist ein Golden Retriever. Er und seine Halterin Martina Willmann sind regelmäßig sportlich aktiv, beim Joggen, Nordic Walking, mit dem Rad und oft auch im Urlaub beim Kraxeln in den Allgäuer Bergen.

glücklicher Hund. Unsere neueste Entdeckung ist Nordic Walking. Da macht auch Tinas Freundin mit. Wozu die komischen Stöcke gut sind, weiß ich nicht. Aber ich darf vor- und zurücklaufen und das Gelände inspizieren. Ich finde Nordic Walking jedenfalls toll! Absolut fantastisch war der Urlaub in den Bergen. Das Kraxeln war eine neue Erfahrung und hat viel Kraft gekostet. Abends waren wir beide hundemüde.

Wandertag mit Freunden Ab und zu trifft sich Tina mit Freunden und Bekannten zum Wandertag. Alle bringen ihre Hunde mit. Mit einer Hündin bin ich befreundet, mit den anderen aber auch schon per Du. Wir rennen um die Wette, rangeln um Äste und buddeln Löcher. Zoff gibt es nicht. Und alle freuen sich schon aufs nächste Mal.

Was ich mir wünsche
- jeden Tag und bei jedem Wetter nach draußen zu dürfen
- nicht immer auf den gleichen Wegen unterwegs zu sein
- Powerspiele und Sport in den kühlen Stunden am Morgen und Abend und nicht in der Mittagshitze
- wilde Jagd- und Verfolgungsspiele mit befreundeten Artgenossen
- kleine Pausen zwischendurch zum Schnüffeln, Schmusen und Entspannen

Leichte Übung für einen Profi. Fest im Blick hat der Border Collie das gepunktete Flugobjekt, um es gleich per Schnauzenkick dem Spielpartner zurückzuschicken.

- ältere Hunde, weil sie weniger fit und beweglich sind. Spitzen- und Dauerbelastungen im Sport können Gelenke, Herz, Lunge und Kreislauf schädigen.
- übergewichtige Tiere, bei denen es zu Skelettschädigungen durch erhöhten Gelenkverschleiß kommen kann. Darüber hinaus sind Kurzatmigkeit und Kreislaufprobleme die Folgen.
- Für kranke Hunde und trächtige Hündinnen ist Powerplay tabu. Erstellen Sie nach OP oder überstandener Krankheit gemeinsam mit dem Tierarzt ein Sportaufbauprogramm für Ihren Hund.

DIESE RASSEN MÜSSEN SPORTLICH KÜRZERTRETEN

- Dackel, Pekingese, Basset: verstärkt anfällig für Bandscheibenprobleme. Möglichst keine Sprünge (und auch Vorsicht beim Treppenlaufen).
- Kurzschnauzige Rassen wie English Bulldog und Mops: Kurzluftigkeit bei Stress und hohen Außentemperaturen.
- Größere Hunde wie Bernhardiner, Berner Sennenhund, Dogge, Schäferhund, aber auch Kleinrassen wie Chihuahua, Zwergpudel, Yorkshire Terrier: Gelenkprobleme. Je nach Schädigung eingeschränktes Sportprogramm.
- Ältere Hunde aller Rassen: generell erhöhte Anfälligkeit für chronische Herzfehler. Nur leichtes Fitnesstraining.

SPORT IM SCHONGANG

Erwachsene Hunde können sportlich gefordert werden und auch Leistungssport treiben, wenn sie entsprechend trainiert und fit sind. Ein gesunder Hund erholt sich selbst nach hoher körperlicher Belastung sehr rasch wieder.

Nicht oder nur begrenzt im Leistungs- und Ausdauersport einsetzen darf man
- junge Hunde bis zum 12. Monat, da ihre körperliche Entwicklung und besonders das Knochenwachstum noch nicht abgeschlossen sind. Belastend sind vor allem Sprünge und Langläufe.

REGELN FÜR SPIEL UND SPORT

In der heißen Jahreszeit sollten Spiel- und Sportaktivitäten auf die kühleren Morgenstunden oder den Abend verlegt werden. Besonders hitzeempfindlich sind Rassen mit dichtem Fell (Neufundländer, Berner Sennenhund, Bernhardiner, Landseer, Husky). Aufgeweichter Asphalt verklebt die Pfoten. Vaseline hält die Pfotenballen im Winter geschmeidig und schützt sie vor Rissen. Wer im Schnee joggt oder es mit dem Schlitten den Iditarod-Profis gleichtun will, muss die Pfoten seines Hundes regelmäßig kontrollieren oder ihm spezielle Schuhe verordnen. Die Pfotenkontrolle auf Steinchen und Holzsplitter ist zu jeder Jahreszeit Pflicht. Fell und Haut müssen von Frühjahr bis Spätherbst auf Zecken inspiziert werden.

Einen gesunden erwachsenen Hund kann man **regelmäßig sportlich fordern,** um seine Fitness und Widerstandskraft zu verbessern.

FÜTTERN WIE GEWOHNT

Bei normaler sportlicher Belastung gibt es für Ihren Hund die übliche Futterration (→ Seite 93). Energiereicher füttern muss man lediglich Hunde, von denen besondere Leistungen verlangt werden (Schlittenhunde im Wettbewerb, Jagd- und Hütehunde). Nach dem Füttern eine Stunde Sportpause, zwei bei Großhunden wegen des Risikos der Magendrehung.

NACHGEFRAGT

Sport treiben ohne Risiko

Katharina Schlegl-Kofler beschäftigt sich seit vielen Jahren mit der Haltung und dem Verhalten von Hunden. Ihre Kenntnisse gibt die erfahrene Hundetrainerin in ihrer Hundeschule weiter.

Wie viel Bewegung braucht mein Hund?

Dreimal täglich sollten Sie mit ihm schon hinaus, einmal muss er sich richtig auspowern. Insgesamt können das zwei Stunden oder mehr sein. Temperamentvolle Hunde brauchen mehr Bewegung als ruhige. Welpen sollten nicht länger als eine halbe Stunde am Stück laufen, weil reines Spazierengehen zu einseitig ist. Auch ältere Hunde brauchen weniger Bewegung.

Können Hunde schwitzen?

Überschüssige Wärme kann der Hund nur durch Hecheln und über die Pfotenballen abführen und nicht wie wir über den gesamten Körper. Daher reagieren Hunde auf Hitze auch sehr empfindlich. Bei starker Sonneneinstrahlung ist das Risiko von Hitzschlag und Kreislaufkollaps hoch, wenn sich der Hund nicht im Schatten abkühlen kann. Das gilt ganz besonders nach ausgiebiger körperlicher Betätigung.

Schädigt Laufen auf hartem Untergrund die Gelenke?

Normales Gehen und Traben macht keine Probleme. Wilde Aktionen und Powerspiele sollten auf weichen Wiesen- oder Waldboden verlegt werden. Das gilt auch fürs Joggen oder Radfahren mit dem Hund.

Schwimmverbot in der kalten Jahreszeit?

Solange der Hund gesund ist und freiwillig baden geht, ist das auch im Winter okay. Wichtig: Er muss danach in Bewegung bleiben und darf nicht auf dem kalten Boden liegen. Rubbeln Sie ihn trocken, bevor Sie nach dem Schwimmen mit dem Auto nach Hause fahren. Für Hunde, die zu Blasenentzündung neigen oder Arthrose haben, ist ein Bad in der Kälte nicht ratsam.

GANZ NASE UND OHR

Hunde verfügen über phänomenale Sinnesleistungen. Mehr noch als auf ihre Augen können sie sich auf den fantastischen Geruchssinn und ihr hoch entwickeltes Hörvermögen verlassen.

NASENWELT KONTRA BILDERWELT Wir orientieren uns optisch, ohne das Augenlicht sind wir hilflos. Für den Hund ist nachlassende Sehkraft kein großes Drama, sein Leben und sein Verhalten werden vor allem von Düften bestimmt. Die Nase liefert ihm nicht nur unzählige Geruchsinformationen über wichtige und interessante Details

und Veränderungen im Nahbereich, sie ermöglicht ihm auch, Witterung über große Distanzen aufzunehmen. Mehr noch: Die Hundenase registriert sogar Botschaften aus der Vergangenheit, wenn der Vierbeiner beim Gassigehen an Duftmarken seiner Artgenossen schnüffelt und so gleichsam in der Zeitung von gestern oder letzter Woche »liest«. Das ist ein grundsätzlicher Vorteil der Kommunikation mit Düften.

EIN GOLDENES NÄSCHEN

Wenn es dunkel wird, brechen Jean Yves Legrand und Valérie auf. Nicht um einem lichtscheuen Gewerbe nachzugehen, sondern auf der Suche nach dem schwarzen Gold. Monsieur Legrand ist truffeur, Trüffelsucher – obwohl die eigentliche Suche natürlich der Job seiner Hündin Valérie ist, Monsieur muss die edle Delikatesse dann nur ausbuddeln. Die Trüffel ist ein unterirdisch an den Wurzeln bestimmter Bäume wie

Eiche und Wacholder lebender Pilz, dessen unvergleichliches Aroma ihn zu einer begehrten Kostbarkeit der Haute Cuisine macht. Für die dunkle, im Winter reifende Trüffel werden astronomische Preise gezahlt, ihre weiße Sommerverwandte ist etwas preiswerter. Die Laubwälder des Périgord im Südwesten Frankreichs sind das Heimatrevier der beiden Trüffelsucher. Valéries Nase ortet selbst Trüffel, die 50 cm tief in der Erde wachsen, besonders frühmorgens oder nach Einbruch der Dämmerung, wenn die Gerüche intensiver sind. Dass Jean Yves Legrand vorzugsweise im Dunkeln in den Wald zieht, hat auch andere Gründe: Kein truffeur möchte von der Konkurrenz beobachtet werden, wenn er an einem Fundplatz gräbt. Den Schweinen, die man früher ebenfalls zur Suche einsetzte, haben die Hunde längst den Rang abgelaufen. Zum einen braucht man für den Schweinetransport mindestens einen Pick-up oder Van, zum anderen bleibt man mit Borstenvieh im Wald nicht lange unentdeckt. Valérie ist eine Mischlings-

Maus oder Kaninchen? Die Schnüffelprobe am Erdloch sagt dem jungen Bearded-Collie-Mischling, wer sich da im Boden versteckt.

hündin, bei der sich beim besten Willen nicht erkennen lässt, welche Rassen Pate gestanden haben. Italienische Trüffelsucher vertrauen vor allem dem Geruchssinn des Lagotto Romagnolo, einer noch jungen, bei uns kaum bekannten Rasse. Ob Rassehund oder Mischling, letztlich zählt bei der Suche nach dem weißen und schwarzen Gold doch nur das feine Näschen.

DUFTENDE VISITENKARTEN

Gerüche spielen im Sozialleben des Hundes eine zentrale Rolle.

● Mit Duftmarken im Revier signalisiert der Hund seine territorialen Ansprüche und die Bereitschaft, sein Rudel zu beschützen. In der Wohnung markiert er allerdings nur, wenn mögliche Rivalen Geruchsspuren hinterlassen haben. Im Gegensatz zum stationären Revier der Hunde besitzen Wölfe ein mobiles Revier und verteidigen auf ihren langen Wanderungen den jeweiligen Aufenthaltsort des Rudels.

● Auch außerhalb des Heimatbereichs informieren Duftbotschaften darüber, welche Artgenossen unterwegs waren.

● Bei Hundebegegnungen entscheidet der Geruch, ob man sich sympathisch findet oder lieber aus dem Weg geht.

Die wichtigsten Informationen liefert dabei das gegenseitige Beschnuppern der Analregion, des sogenannten Analgesichts (→ Seite 28).

● Beim Sexualverhalten des Hundes sorgen Geruchsstoffe dafür, dass die Geschlechtspartner zueinanderfinden. Die allzeit liebesbereiten Rüden wittern die verlockende Duftbotschaft läufiger Hündinnen (→ Seite 99) selbst über große Entfernungen.

SENSIBEL FÜR FEINSTE GERUCHSVERÄNDERUNGEN

Das außerordentlich leistungsfähige Nasenbarometer des Hundes ist in der Lage, Stimmungen und Gefühle zu registrieren, freundliche oder aggressive Absichten anderer Hunde ebenso wie Freude, Angst, Wul oder Trauer des Menschen. Nachweislich reagieren Hunde auf körperliche und seelische Probleme ihres Besitzers und nehmen offenbar die damit verbundenen feinen Veränderungen des Eigengeruchs wahr. Studien belegen, dass Hunde vielfach Krebserkrankungen des Menschen bereits im Frühstadium anzeigen konnten. Epilepsie-Patienten berichten, dass sie wiederholt durch das auffällige Verhalten ihres Hundes auf bevorstehende Anfälle aufmerksam gemacht wurden und rechtzeitig Hilfe holen konnten.

IMMER AUF HORCHPOSTEN

Das Hörvermögen des Hundes überdeckt einen weiten Bereich von tiefen bis zu sehr hohen Tönen. Mit 15 Hz liegt die Hörschwelle ähnlich wie bei uns, bei einer Obergrenze von 50.000 Hz und mehr nehmen Hunde aber auch Töne im Ultraschallbereich wahr, wozu der Mensch (obere Hörgrenze bei maximal 20.000 Hz) nicht in der Lage ist.

Schallortung Im Vergleich zum Menschen registriert ein Hund Geräusche, die aus viermal größerer Entfernung an sein Ohr dringen. Die Ohrmuscheln werden wie Schalltrichter auf die Geräuschquelle ausgerichtet und können sie exakt lokalisieren. Bei Hunden mit Hänge- oder Kippohren ist diese Fähigkeit eingeschränkt.

Stimmfühlungslaut Das gute Gehör ist für die Verständigung untereinander wichtig und sichert den Zusammenhalt

Perfektes Ortungssystem. Die Ohrmuscheln des Hundes funktionieren wie Schalltrichter und können Geräuschquellen sehr genau orten.

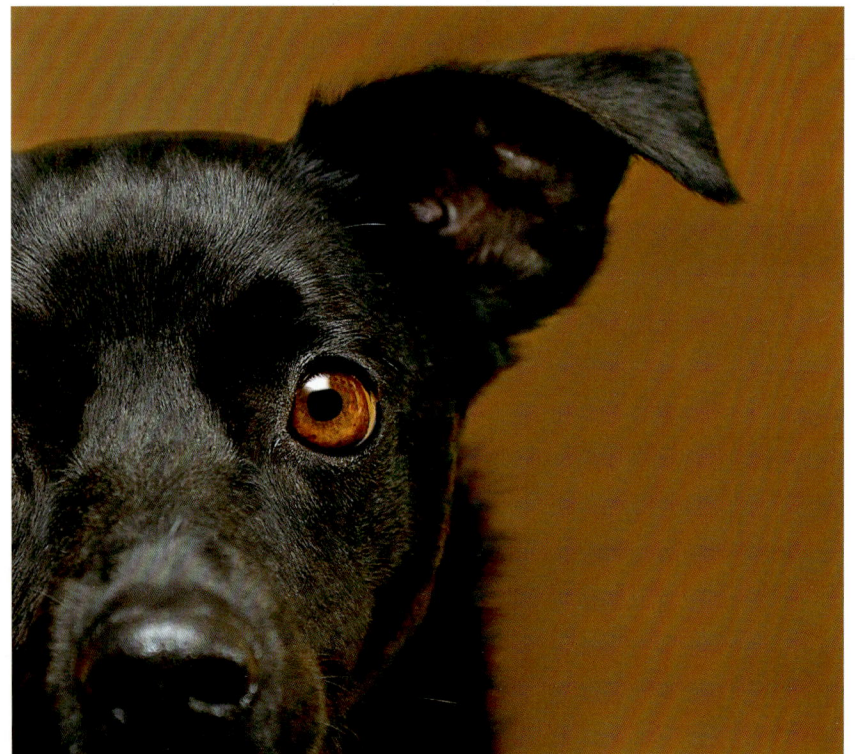

Laufende Bilder bevorzugt. Der Hund ist ein Hetzjäger, dessen Augen vor allem schnelle Bewegungen wahrnehmen.

des Rudels. Versprengte Wölfe nehmen mit Stimmfühlungslauten Kontakt zueinander auf. Ein allein gelassener Hund verhält sich ähnlich: Er jault so lange, bis ein Familienmitglied seinen Notruf hört und zu ihm kommt.

Weghören Wie Katzen sind offenbar auch Hunde zur selektiven Geräuschwahrnehmung fähig und können bestimmte Töne und Frequenzen ausblenden. Anders lässt es sich kaum erklären, dass mancher Vierbeiner sein Nickerchen selbst in einer extrem lauten Umgebung hält, in der wir uns die Ohren zuhalten müssen, um den Lärm überhaupt zu ertragen.

AUGEN, DIE JEDE BEWEGUNG REGISTRIEREN

Die Vorfahren des Hundes stellten als Hetzjäger dem Wild nach. Viele Anpassungen an diese Lebensweise sind auch für den Haushund noch typisch. Seine Augen sind die des Jägers: Sie reagieren in erster Linie auf schnelle Bewegungen, während Tiere und Menschen, die sich nicht oder nur sehr langsam bewegen, kaum wahrgenommen werden. Das im wilden Zickzack fliehende Kaninchen ist sofort im Fokus des Hundeauges, die keine 30 Meter entfernt regungslos verharrende Katze wird nicht selten übersehen.

Viele Hunde schlabbern mit Vorliebe Wasser aus Pfützen, Teich oder Bach, selbst wenn zu Hause immer ein frisch gefüllter Trinknapf bereitsteht.

● In der Retina, der lichtempfindlichen Netzhaut des Säugetierauges, sitzen Sehzellen vom Zapfen- und Stäbchentyp. Stäbchen sind für die Hell-Dunkel-Wahrnehmung und das Sehen in der Dämmerung zuständig, Zapfenzellen fürs Farbensehen. Im Auge des Hundes gibt es relativ wenige Zapfenzellen, seine Welt ist nicht so bunt wie unsere.
● Welpenaugen sind meist blau. Die endgültige Augenfarbe bildet sich erst später aus, wenn sich Farbpigmente in der Iris einlagern.

SCHMECKEN UND TASTEN

Geschmackstest Ein Hund kann Süßes, Saures, Bitteres und Salziges unterscheiden. Für den Geschmackstest sind winzige Papillen auf der Zunge zuständig. Doch auch beim Futter hat die Nase Vorrang: Der Geruch entscheidet, ob eine Nahrung akzeptiert oder abgelehnt wird, und legt die Vorliebe für bestimmte Geschmacksrichtungen und Futtersorten fest. Der Geschmackssinn spielt beim Hund nicht die dominierende Rolle wie bei der Katze. Hunde sind Schlinger, die häufig auch große Nahrungsbrocken unzerkleinert verschlucken, ohne sie auf ihre Genießbarkeit zu prüfen. Manchmal muss dann Unverträgliches und Unverdauliches wieder hervorgewürgt werden.

● Auch vertraute Menschen erkennt ein Hund auf größere Distanzen nicht sofort. Erst die Bewegungen und Gesten verraten ihm, wen er vor sich hat. Im Nahbereich verlässt er sich dann wieder eher auf seine Nase.
● Bei Hunden mit kurzer Schnauze überlappen sich die Sehfelder stärker als bei langschnauzigen Verwandten. Sie können in einem größeren Bereich stereoskopisch (räumlich) sehen und Entfernungen besser abschätzen.
● Das Sehfeld kurzschnauziger Rassen wie Boxer und Mops beträgt ca. 200 Grad, das Sehfeld der sich stärker optisch orientierenden Windhunde bis zu 270 Grad.
● Die Sehschärfe spielt in der Welt des Hundes eine nachgeordnete Rolle und ist auch der des Menschen unterlegen.

Noch immer ist die Sinneswelt der Hunde für uns
ein Buch mit sieben Siegeln,
bei dessen Studium uns der Kopf im Weg steht.

Tasthaare Im Hundegesicht gibt es eine Reihe empfindlicher Tasthaare oder Vibrissen, die auf Kontaktreize und sogar auf Luftzug reagieren. Die Vibrissen erleichtern die Orientierung und schützen vor Aufprall und Augenverletzungen. Drucksensibel sind vor allem Nase und Lippen. Über die Pfoten nimmt ein Hund feinste Vibrationen des Untergrunds wahr, wie sie zum Beispiel vor Erdbeben auftreten (→ unten).

ERSTAUNLICHE UND UNERKLÄRLICHE SINNES-LEISTUNGEN DES HUNDES

Der Hund lebt in einer Welt der Sinne, und er ist zu außergewöhnlichen Wahrnehmungen und Sinnesleistungen fähig. Viele dieser Fähigkeiten bleiben uns verschlossen, einige wenige beginnen wir erst nach und nach zu verstehen.

● Unzählige Berichte handeln von Hunden und Katzen, die auf der Suche nach ihrem Zuhause zum Teil Hunderte von Kilometern zurückgelegt haben sollen. Die meisten halten näherer Prüfung nicht stand. Untersucht ist dieses Heimfindevermögen über Entfernungen bis ca. zehn Kilometer. Dabei orientieren sich die Tiere offensichtlich in erster Linie an vertrauten akustischen und optischen Wegmarken.

● Immer wieder werden Hunden telepathische Fähigkeiten attestiert. Autor Rupert Sheldrake schildert in seinem Buch »Der siebte Sinn der Tiere« viele fragliche Begebenheiten, wonach Hunde und Katzen auf Unglücks- und Todesfälle vertrauter Menschen reagierten, die weit entfernt von ihnen passierten, häufig sogar auf einem anderen Kontinent.

● Belegt ist, dass Hunde – wie auch andere Tiere – Erdbeben und Wetterkatastrophen lange im Voraus wahrnehmen können. Auslöser dürften kleinste Erschütterungen des Erdreichs bzw. Luftdruckänderungen sein, die von den Vibrations- und Druckrezeptoren des Hundekörpers (z. B. in den Pfoten) gemeldet werden. Möglicherweise reagieren die Tiere aber auch auf Störungen des Magnetfelds und der elektrischen Ladung in der Atmosphäre, die solche Naturkatastrophen begleiten.

Hunde, die allein unterwegs sind, orientieren sich in der Regel an optischen und akustischen Signalen, die sie kennen.

DIE SUPERNASE

EINE WELT VOLLER DÜFTE Im Leben des Hundes spielen Gerüche die Hauptrolle. Das Geruchsvermögen ist allen seinen anderen Sinnesleistungen überlegen. Die geruchssensiblen Rezeptoren des Riechepithels in der Hundenase nehmen Duftmoleküle wahr und leiten ihre Informationen ans Gehirn weiter, wo Struktur und chemische Natur des Duftes analysiert und mit den bereits im Duftgedächtnis abgespeicherten Informationen verglichen werden. So wie wir optische Eindrücke verarbeiten und uns an bestimmte Szenen erinnern, kann der Hund eine Vielzahl von Duftbildern abrufen.

HAUPTSACHE FEUCHT Die Nase eines gesunden Hundes fühlt sich leicht feucht an. Erst dieser Feuchtigkeitsfilm sorgt dafür, dass der Hund Gerüche wahrnehmen kann. Er bindet die Duftmoleküle aus der Luft und transportiert sie zu den Geruchsrezeptoren. Eine trockene Nase ist meist ein erstes Krankheitsanzeichen. Das Riechvermögen ist dabei stark eingeschränkt oder geht sogar völlig verloren.

DIE NASE MISCHT IMMER MIT Auf ihren untrüglichen Geruchssinn verlassen sich die Hunde in fast allen Lebenslagen. Das gilt für das Sexualverhalten, wo der Duft läufiger Hündinnen die Rüden magnetisch anzieht (→ Seite 99), ebenso wie für die Revieransprüche, die mit Geruchsmarken bekräftigt werden (→ Seite 23), und die innerartliche Kommunikation mit der Kontrolle des Analgesichts beim Begrüßungsritual (→ unten). Auch der Mensch wird hauptsächlich am Geruch erkannt.

DIE ANATOMIE EINES HOCHLEISTUNGSEMPFÄNGERS Allein ihre äußere Größe ist beeindruckend. Die Nase bestimmt das Profil des Hundegesichts. Ihre wahren Werte verbergen sich aber im Inneren: Das mehrfach gefaltete Riechfeld umfasst bei manchen Rassen wie dem Schäferhund bis zu 220 Millionen Riechzellen auf 150 cm² Fläche, und selbst ein Dackel bringt es noch auf 75 cm². Im Vergleich dazu ist die Nase des Menschen mit nur 5 cm² Riechfläche ein hoffnungsloser Fall.

ZEIG MIR DEIN (ANAL)GESICHT! Wenn sich Hunde begegnen, beschnuppern sie sich in einer bestimmten Abfolge, dem Begrüßungsritual. Dazu gehört die gegenseitige Kontrolle des Analgesichts. Als Analgesicht bezeichnet man den Bereich unter dem Schwanz des Hundes. Die hier liegenden Analdrüsen geben seine persönliche Duftnote preis.

RIECHEN IN STEREO Die Luft strömt nicht mit konstanter Geschwindigkeit durch die Nase. So wird verhindert, dass die Riechzellen durch ständige Reizüberflutung abstumpfen. Der Hund kann getrennt voneinander durch jeden Nasenflügel inhalieren und erhält ein räumliches Geruchsbild der Umgebung.

ALLTAG MIT EINEM NASENTIER Das Zusammenleben mit einem Hund wird wesentlich auch von seinen Geruchswahrnehmungen geprägt. Dazu gehören:
- Schnupperaktionen in fremder Umgebung (»Zeitunglesen« beim Gassigehen)
- die Vorliebe fürs Wälzen in stark duftenden Hinterlassenschaften
- der Trieb vieler Hunde, angesichts einer Wildspur ihrer Jagdleidenschaft zu frönen
- der Widerwille gegen Futter, das aus dem Kühlschrank kommt und nicht duftet
- der kaum zu bändigende Drang eines Rüden auszubüxen, sobald ihm der Duft einer heißen Hündin in die Nase steigt

Kennenlernen auf Hundeart: Schnupperproben Nase an Nase und am Hinterteil (»Analgesicht«) gehören zum Begrüßungsritual.

IHR HUND ERKENNT SIE AM GERUCH

Ihr Vierbeiner erkennt Sie in erster Linie an Ihrer ganz persönlichen Duftnote. Bei der optischen Wahrnehmung lassen sich Hunde – besonders auf größere Entfernung – relativ leicht täuschen, zu Verwechslungen bei der Geruchsprobe kommt es nur in Ausnahmefällen (→ »Schon gewusst?«, rechte Seite). Ein unbekannter Geruch sorgt dafür, dass ein Hund in der Regel zuerst auf Distanz zu fremden Personen geht. Der vertraute Geruch seines Wohnbereichs schützt davor, dass er hier Duftmarken absetzt. Verändert sich allerdings die Geruchslandschaft, etwa durch Artgenossen, die zu Besuch kommen, oder durch neue Möbel, veranlasst das den Revierinhaber oft dazu, nun doch zu markieren, um damit seinen Besitzanspruch zu bekräftigen und sich zu Hause zu fühlen.

Zeichen setzen: Mit dem Absetzen von Duftmarken hinterlässt der Vierbeiner seine ganz persönliche Visitenkarte.

Um Antwort wird gebeten: Damit die Duftmarke des Artgenossen garantiert überdeckt wird, markiert der Kleine im Handstand.

LAUT IST OUT

Manchmal macht auch der beste Freund des Menschen nicht das, was sein Halter von ihm erwartet. Dann werden dem Sünder oft lautstark die Leviten gelesen. Für die sensiblen Ohren des Hundes muss das Geschrei wie heftiges Donnergrollen klingen. Lautstärke ist im Umgang mit Hunden völlig überflüssig, mehr noch: Sie führt dazu, dass er sich innerlich abwendet und taub stellt oder die Anweisungen verängstigt, aber nicht aus eigenem Antrieb befolgt.

● Ihr Hund reagiert selbst auf Kommandos im Flüsterton. Je leiser Sie mit ihm sprechen, desto besser muss er hinhören und sich auf Sie konzentrieren. Die gedämpfte »Unterhaltung« erzieht ihn automatisch zu mehr Aufmerksamkeit und stärkt seine Zuwendung und Bereitschaft zum Mitmachen.

SCHON GEWUSST?

● Ein Hundehalter, der seinen Individualgeruch durch Parfüm oder fremde, anders riechende Kleidung überdeckt, wird möglicherweise vom eigenen Hund nicht erkannt und wie ein Fremder behandelt. Ähnliches gilt nach starkem Alkoholgenuss.

● Wenn der Hund mit den Hinterbeinen Erde über seinen Lösungsplatz wirft, markiert er die Stelle zugleich mit Duftstoffen aus den Schweißdrüsen in den Pfotenballen.

● Hat der Hund sich einmal in der Wohnung »vergessen«, muss die Stelle schnell und gründlich gereinigt werden. Ansonsten verführt ihn der Duft zur Wiederholung. Als Geruchsentferner eignet sich Essigwasser.

- Der Ton macht die Musik: Loben Sie den Hund mit leiser, einschmeichelnder Stimme und vermeiden Sie schrille Töne.
- Natürlich versteht Ihr Hund nicht, was Sie sagen, aber er erkennt am Tonfall, was Sie von ihm wollen. Beschränken Sie sich auf kurze Begriffe und legen Sie besondere Betonung auf die Vokale. Lange und im gleichbleibenden Plauderton gesprochene Sätze verwirren Ihren vierbeinigen Partner nur.
- Verwenden Sie nur einige wenige Kommandos, um ihn für ein Fehlverhalten zu maßregeln. Der Tonfall ist hier besonders wichtig, zum Beispiel ein hartes »Aus!« oder ein »Nein!«, bei dem das »i« betont und lang gezogen gesprochen wird. Setzen Sie solche Befehle möglichst selten ein, bei ständigem Gebrauch nimmt Ihr Hund sie schon bald nicht mehr ernst.

Ihren Hund können Sie nicht täuschen. Selbst **kleinste Gesten und Bewegungen** verraten ihm, was Sie eigentlich von ihm wollen.

IM ALTER LASSEN DIE SINNE NACH

Hundesenioren geht es nicht anders als älteren Menschen: Alles macht mehr Mühe, und auch die Sinnesleistungen werden schwächer. Beim Hund gilt das in erster Linie für das Sehvermögen. Nicht selten spielen dabei verstärkt im Alter auftretende Augenerkrankungen wie der graue Star eine Rolle. Die nachlassende Sehkraft beeinträchtigt Hunde nur wenig, im vertrauten Umfeld kommen selbst blinde Tiere so gut zurecht, dass ihr Halter oft lange Zeit nicht bemerkt, dass sie nichts mehr sehen. Auch Gehör und Geruchssinn lassen nach. Das eingeschränkte Riechvermögen kann unter anderem dazu führen, dass alte Hunde selbst vertraute Menschen ihrer direkten Umgebung manchmal erst spät erkennen.

BESSER VERSTEHEN UND VERSTÄNDIGEN

- Hunde sind hervorragende Beobachter, denen keine Geste und kein Fingerzeig entgeht. Wie bei der akustischen Verständigung bringt auch bei der Körpersprache weniger mehr: Auf hektische Armbewegungen reagiert Ihr Hund wahrscheinlich nur mit fragend zur Seite gelegtem Kopf; ein sparsames, nur angedeutetes Heben oder Senken der Hand und das Anzeigen der Richtung mit dem Finger verinnerlicht er hingegen schon nach wenigen Wiederholungen.
- Wie viele andere Tiere haben Hunde gleichsam eine Uhr im Kopf. Sie stellen sich sehr schnell auf bestimmte, regelmäßig wiederkehrende Termine ein, auf ihre Essenszeiten ebenso wie auf die tägliche Spielstunde und das Gassigehen. Wenn Sie diesem Tagesablauf Rechnung tragen und ihn möglichst pünktlich einhalten, signalisieren Sie Ihrem Hund, dass er ein vollwertiges Familienmitglied ist.

WENN DER HUND NICHT HÖRT

Bei einem vermeintlich störrischen und ungehorsamen Hund ist es nicht immer einfach, die Ursache des Verhaltensdefizits ausfindig zu machen. Bevor Sie ihn in die Hundeschule oder zum Therapeuten bringen, sollten körperliche Probleme als Auslöser des Fehlverhaltens ausgeschlossen werden. Bei einem Hund, der nur auf jedes zweite oder dritte Kommando reagiert, stellt der Tierarzt nicht selten fest, dass er schlichtweg schwerhörig ist; bei einem anderen, der seinen Futternapf unberührt lässt, dass er den Futtergeruch nicht mehr wahrnimmt. Für derartige Fehlreaktionen sollten Sie Verständnis aufbringen und Ihrem Hund das Leben erleichtern.

Eine »innere Uhr« sagt diesem Basset, wann es Zeit zum Gassigehen oder fürs Mittagsmenü ist. ▶

WÜHLMÄUSE & BETTLER

Als Erdarbeiter sind Hunde Profis. Löcher buddeln gehört ebenso zu den ererbten Instinkten wie die Lust am Schnüffeln. Andere Gewohnheiten wie Betteln und Streunen sind hausgemacht und eine Erziehungsfrage.

VORLIEBEN UND KLEINE MACKEN Hunde zeichnen

sich durch eine Reihe unabänderlicher Verhaltensmuster und Rituale aus. Einige erscheinen uns sinnvoll, bei anderen ist man geneigt, seinem Vierbeiner eine Macke zu bescheinigen. Die gibt es natürlich auch, und nicht immer fällt es leicht, die angeborenen hundetypischen Verhaltensweisen

von mehr oder weniger liebenswerten, manchmal auch ziemlich nervtötenden Macken und Untugenden zu unterscheiden. Manche Verhaltensmuster und Handlungsabläufe sind bei allen Hunden gleich, etwa die Lust am Wühlen in der Erde, das hastige Verschlingen des Futters oder das Wälzen in Unrat und Pfützen. Sie gehören quasi zum Basisinventar des Haushundverhaltens. Andere Aktivitäten sind bei einzelnen Rassen unterschiedlich stark ausgeprägt, der Jagd- und Hetztrieb zum Beispiel oder das Bellen ohne ersichtlichen Grund.

PAULCHEN UND DER POSTBOTE

Paulchen ist ein vierjähriger Schäfermischling. Und Paulchen hat die Uhrzeit im Kopf. Morgens um 10 Uhr hält ihn nichts mehr im Haus. Dann wartet er sehnsüchtig an der Gartenpforte, bis endlich sein Freund um die Ecke biegt. Die beiden begrüßen sich, als hätten sie sich Monate nicht gesehen, es

gibt jede Menge Streicheleinheiten und meist auch einen kleinen Leckerbissen. Eine nicht gerade alltägliche Freundschaft, denn Paulchens Kumpel ist von der Post. Anders als Paulchen haben viele seiner Artgenossen ein eher gespanntes Verhältnis zu den Brief- und Paketzustellern. Dass die Postboten nicht an jeder Wohnungstür und auf jedem Grundstück willkommen sind, wo ein Vierbeiner zu Hause ist, belegt die jährliche Statistik der Bissverletzungen und anderen unliebsamen Begegnungen mit Hunden. Die Gründe liegen auf der Hand: Briefträger sind immer in Eile und haben nicht die Zeit, sich dem vierbeinigen Zerberus langsam zu nähern oder ihn mit Worten und Gesten zu beschwichtigen. Angesichts des hektischen Verhaltens klingeln beim Wächter die Alarmglocken. Und spätestens wenn der Eindringling im gelben Dress das Gelände im Eilschritt wieder verlässt, setzt der Revierinhaber dem »Flüchtenden« nach. Am nächsten Tag das gleiche Spiel. Der Briefträger weiß nun, was ihn erwartet,

Freundlicher Türsteher: Ein Golden Retriever gehört nicht zu den Rassen, die ihr Revier mit Nachdruck verteidigen.

und zögert. Seinem Gegenspieler bleibt die Zurückhaltung nicht verborgen, und sie bestärkt ihn noch in seiner Wächterrolle. Lösen lässt sich dieser Konflikt, wenn sich beide ohne Stress kennenlernen können. Das geht nur mit Unterstützung des Halters, der seinem Hund signalisiert, dass der Briefträger willkommen ist. So ist auch Paulchen zum Postfan geworden: Sein Besitzer bat den Postboten wiederholt ins Haus und unterhielt sich mit ihm im Beisein des Hundes freundschaftlich und in aller Ruhe. Paulchen verinnerlichte nach und nach, dass der Mann in Gelb okay ist und von jedermann geschätzt wird. Aus der anfänglichen Antipathie ist längst Freundschaft geworden, und wenn sich »sein« Briefträger einmal verspätet, wird Paulchen ganz zappelig.

ERERBTES VERHALTEN UND STEREOTYPE HANDLUNGEN

Paulchen hat seinen Job als Revierwächter ernst genommen. Solange der Mensch seinem Hund nicht unmissverständlich klarmacht, wer willkommen ist und wer nicht, entscheiden viele Vierbeiner in eigener Regie, wer Haus und Hof betreten darf, besonders dann, wenn ihr Besitzer nicht zur Stelle ist.

37

Das wahre Hundeleben: Nach einem ausgiebigen Bad im Meer ist das genüssliche Wälzen im Sand der krönende Abschluss eines perfekten Tages.

Das gilt verstärkt für Rassen wie Leonberger, Kuvasz, Briard, Sheltie, Eurasier, Hovawart, Airedale Terrier, Bouvier de Flandres und den Deutschen Schäferhund, die einen ausgeprägten Schutz- und Bewachungstrieb besitzen. Das Revierverhalten gehört zu den hundetypischen Eigenschaften, die wie auch andere ererbte Verhaltensweisen nicht unterdrückt werden können.

Wühlmäuse und Knochengräber Löcher buddeln und Fleisch oder Knochen vergraben zählt zu den Leidenschaften des Hundes. Für die wilden Verwandten sind gebunkerte Nahrungsvorräte eine Überlebensversicherung für Notzeiten. Im Haushund ist dieses Erbe wach, und auch der gefüllte Futternapf hält ihn nicht von Erdarbeiten ab. Der Buddeltrieb läuft oft auch im »Leerlauf« ab.

Zum Beispiel wenn der Hund einen imaginären Knochen im Wohnzimmer vergraben will und mit den Pfoten unermüdlich das Parkett bearbeitet.

Highspeed-Esser Hunde sind Schlinger, auch größere Nahrungsstücke landen meist unzerkaut im Magen. Das hastige Fressen macht durchaus Sinn: Im Rudel ist man vor Nahrungsdieben nur sicher, wenn das Futter im eigenen Magen ist. Verdauungsprobleme verursacht das nicht, der Hundemagen wird selbst mit dicken Brocken fertig. Schnellschlinger sind vor allem die größeren Hunde, die kleineren fressen bedächtiger und sind in Futterfragen anspruchsvoller.

Schnauzenwischer Mit der Pfote lassen sich Essensreste oder Fremdkörper gut von Schnauze und Lefzen entfernen. Oft nimmt ein Hund zum Säubern auch den Bodenbelag zur Hilfe und wischt mit seiner Schnauze über den Teppich. Nicht selten laufen die Wischaktionen aber ohne ersichtlichen Grund ab. Vielleicht machen sie einfach Spaß.

Schweinchen Sehr zum Leidwesen ihrer Besitzer wälzen sich Hunde gerne in Kuhmist und ähnlich anrüchigen Hinterlassenschaften. Nicht erwiesen ist die oft gehörte Behauptung, dass dem Verhalten der Wunsch zugrunde liegt, den Eigengeruch mit anderen »Düften« zu überdecken, um mögliche Feinde zu verwirren.

Jäger Kreuzen Hasen oder Rehe ihren Weg, sind Hunde mit Jagdtrieb meist auf und davon. Befehle werden ignoriert. Zu den leidenschaftlichen Jägern gehören unter anderem Jack Russell Terrier, Beagle, Irish Setter, Rhodesian Ridgeback, Husky, jagdlich geführte Hunde und die Windhunde. In wildreichem Gelände müssen sie angeleint bleiben.

Kläffer Anders als die leisen Wölfe bellen Hunde häufig. Besonders die kleineren Rassen beweisen Ausdauer und bellen oft ohne erkennbaren Anlass. Auch mit konsequenter Erziehung lassen sich nicht alle Dauerkläffer bekehren. Nicht gerade zu den Leisetretern zählen Spitz, Foxterrier, Papillon, Affenpinscher, Chihuahua, Yorkshire Terrier und Pekingese.

UNERWÜNSCHTES VERHALTEN

Ein Hund will wissen, was er darf und was nicht. Die Grenzen des Machbaren und Erlaubten testet er auch gegenüber dem Menschen. Besonders aufsässig sind »Halbstarke« in der Pubertät zwischen dem 5. und 8. Lebensmonat. Viele unerwünschte Verhaltensweisen (→ Kapitel 6) gehen darauf zurück, dass der Halter die Rangordnungstests als Spiel betrachtet und den »Revoluzzer« gewähren lässt, während der von seinem Boss Führungsqualitäten erwartet. Inwieweit Sie kleine Macken und Vorlieben Ihres Hundes akzeptieren, hängt davon ab, ob Sie sich davon beeinträchtigt fühlen oder nicht. Wer seinem Zwergpudel die Siesta im Bett erlaubt, kann dieses Zugeständnis nicht einfach nach Lust und Laune widerrufen. Praxistipps zur Therapie unerwünschter Verhaltenweisen finden Sie auf den Seiten 82 bis 84.

Streunen Von Haus aus neigen Rassen mit Jagdblut, zum Teil aber auch manche Cocker Spaniel zum Streunen. Andere gehen wiederholt auf die Walz, sobald sie einmal auf den Geschmack gekommen sind. Und Rüden, die läufige Hündinnen wittern, nutzen sowieso jede Gelegenheit, um auszubüxen.

Betteln Um auf sich aufmerksam zu machen, hebt ein Hund die Pfote oder stupst seinen Menschen mit der Nase an. Diese Gesten muss er nicht lernen. Wer allerdings jede Kontaktaufnahme mit einem Leckerbissen belohnt, zieht sich im Handumdrehen einen penetranten Bettler heran, der sofort zur Stelle ist, wenn man sich selbst zu Tisch setzt. Und der schlanken Linie des Vierbeiners sind die Kalorienhäppchen natürlich auch nicht förderlich.

Aufreiten Schon junge Hunde üben sich im Aufreiten, sowohl untereinander, nicht selten aber auch am Bein eines Menschen. Das Verhaltensmuster gehört zum Sexualverhalten des Hundes. Darüber hinaus ist Aufreiten jedoch auch eine unverkennbare Dominanzgeste. Das wird durch die Tatsache belegt, dass es schon vor Erreichen der Geschlechtsreife ausgeprägt ist. Ein am Bein des Menschen aufreitender Hund signalisiert damit, dass er sich in der Rangordnung des Familienrudels als höhergestellt betrachtet.

SCHON GEWUSST?

- Verhaltensänderungen können von körperlichen Problemen verursacht werden. Bei Hunden, die ständig mit dem Hinterteil über den Boden rutschen (»Schlittenfahren«), sind die Ausgänge der Analdrüsen verstopft. Auffallend häufiges Kotfressen geht oft auf Mangelernährung zurück. Im Zweifelsfall sollte ein verhaltensauffälliger Hund dem Tierarzt vorgestellt werden.

- Hunde sind keine geborenen Katzenhasser. Immer mehr Katzen und Hunde leben gemeinsam in einer Familie und kommen gut miteinander aus; nur anfangs müssen einige »Sprachprobleme« überwunden werden. Im Freien sieht es anders aus, weil eine weglaufende Katze vor allem bei Hunden mit starkem Jagdtrieb ins Beuteschema passt.

Leinenkämpfe Hunde sind Lauftiere, die ihren Bewegungsdrang ungebremst und am liebsten im Trab (→ Seite 10) ausleben wollen. Zum gleichmäßigen und gesitteten Gehen an der Leine sind sie nicht geboren. Schon der Welpe muss zur Leinenführigkeit erzogen werden. Wenn das versäumt wurde, artet jeder Spaziergang zum Machtkampf aus, in dem beide Seiten erproben, wer der Stärkere ist.

Wadenbeißen Vor allem junge Hunde testen ihre spitzen Beißerchen gerne, indem sie jeden Zweibeiner herzhaft in Waden und Füße zwicken. Viele Halter finden das lustig, lassen den Tunichtgut ungehindert gewähren oder ermuntern ihn noch, weil sie das Draufgängertum toll finden. Die Folgen sind absehbar: Auch als Erwachsener behält der Vierbiener diese Untugend bei, was dann aber meist keiner mehr lustig findet.

Futterverteidigung Im Hunderudel ist sich beim Fressen jeder der Nächste und verteidigt seinen Anteil knurrend und zähnefletschend. Ein Familienhund muss frühzeitig lernen, dass ihm keiner das Futter streitig macht.

VERHALTENSÄNDERUNGEN BEI ÄLTEREN HUNDEN

Wann ein Hund ins Rentenalter kommt, lässt sich nicht generell festlegen. Bei manchen zeigen sich Alterssymptome schon mit acht bis neun Jahren, andere – speziell kleinere Rassen – sind mit elf oder zwölf noch fit wie ein Turnschuh. Neben nachlassender Fitness und erhöhtem Ruhebedürfnis stellen sich bei den Senioren auch Verhaltensänderungen ein, für die vor allem die schwächer werdenden Sinnesleistungen verantwortlich sind.

● Mit zunehmendem Alter zeigen sich Rüden zunehmend intoleranter gegenüber ihren Geschlechtsgenossen.

● Hunde, die nicht mehr gut hören, reagieren nicht selten aggressiv, wenn man sich leise nähert und sie es erst im allerletzten Moment mitbekommen.

● Appetitlosigkeit bis hin zur Futterverweigerung können Folgen des nachlassenden Geruchsvermögens sein, wenn Oldies nicht mehr durch den Futterduft zum Fressen animiert werden.

Bisstest: Viele Spielsachen widerstehen den spitzen Zähnchen junger Hunde nur für kurze Zeit. Aber Spaß macht das Zerfleddern allemal.

Die Siesta ist heilig: Ältere Hunde haben ein deutlich gesteigertes Ruhebedürfnis. Gleichzeitig werden sie oft auch anhänglicher.

● Die Mehrzahl älterer Hunde sieht schlechter. Den Alltag in vertrauter Umgebung meistern sie ohne Probleme, auf fremdem Terrain sind sie unsicherer und reagieren verzögert.

ZWANGHAFTES VERHALTEN

Zwanghaft nennt man ein Verhalten, das ständig wiederholt wird, ohne dass es notwendig ist oder dafür ein Anlass besteht. Der Wiederholungszwang kann so groß sein, dass der Hund zu anderen Reaktionen kaum mehr fähig ist. Häufig beziehen sich Zwangshandlungen auf den eigenen Körper. Auf Dauer stellen sich Neurosen und andere gesundheitliche Folgeschäden ein. Bei Hunden ist das Jagen des eigenen Schwanzes verbreitet, wobei die Tiere sich unablässig im Kreis drehen. Als außerordentlich hartnäckig erweist sich auch zwanghaftes Beißen und Lecken des Fells. Häufig bearbeitet der Hund sein Haarkleid so ausdauernd und intensiv, dass die Haut wund ist und nicht abheilen kann. Die Therapie (→ Seite 84) hängt von den Auslösern des zwanghaften Verhaltens ab, die sehr unterschiedlich sein können.

ZUSAMMEN STARK SEIN

Der Hund braucht die Gemeinschaft. Das Familienrudel oder der Single-Partner gibt ihm Sicherheit und Stärke. Sein ausgeprägtes Sozialverhalten sorgt dafür, dass es nur selten zu Verständigungsproblemen kommt.

VOM WESEN DES HUNDES Das Bedürfnis nach einer stabilen Lebensgemeinschaft hat der Haushund von seinen Vorfahren geerbt, zusammen mit der Bereitschaft, sich unterzuordnen. Angeborene und unveränderliche Strukturen prägen ebenso das Wesen und die Persönlichkeit des Hundes wie Anpassungsfähigkeit, Neugier und Lernvermögen.

Wölfe sind laufstark, ausdauernd und gewitzt. Trotzdem würde ein einzelner Wolf in freier Wildbahn nicht überleben. Wölfe sind Teamplayer. Nur in der Gruppe können sie ihre Fähigkeiten richtig einsetzen und auf die Aktionen der Artgenossen abstimmen. Das Rudel verbindet ein unverbrüchliches soziales Netz, das ihm Stärke und Sicherheit gibt. Der Wolfsverband ist mehr als die Summe der einzelnen Tiere.

MANCHMAL MUSS DAS GLÜCK KLEINE UMWEGE MACHEN

Aristoteles kommt aus dem Tierheim. Auch nach über vier Monaten hat sich der Mischling noch nicht in seiner neuen Familie eingelebt. Da gibt es die neunjährigen Zwillinge, die ihn ständig betatschen und immer wieder im Schlaf stören, die Oma mit der unangenehm hohen Stimme, die ihn überall wegjagt, die Eltern, die tagsüber arbeiten und keine Zeit für

ihn haben, die vielen Freunde und Verwandte, die fast an jedem Wochenende für Trubel und Chaos im Haus sorgen. Das ist alles gar nicht nach Aris Geschmack. Und er nutzt die Gelegenheit und macht sich aus dem Staub, als ihn die Kids beim Spaziergang von der Leine lassen. Ihr aufgeregtes »Ari, Ari, komm zurück!« hört er schon gar nicht mehr und ist im Wald verschwunden. Nur weg von dieser grässlichen Familie! Doch dann kommt die Nacht. Es ist stockdunkel im Wald und bitterkalt, gespenstische Schatten bewegen sich zwischen den Bäumen, und von überallher kommen schreckliche Geräusche. Ari hat Angst und Hunger und fühlt sich von aller Welt verlassen. Der Albtraum scheint kein Ende zu nehmen. Endlich bricht der Tag an. Plötzlich hört er ganz schwach und ganz weit weg eine vertraute Stimme, die seinen Namen ruft: »Aristoteles, wo bist du?« Das kleine Hundeherz hüpft vor Freude. So schnell ihn seine Beine tragen, läuft Ari in die Richtung, aus der die Rufe kamen. Und richtig, da vorne auf

Alleinsein ist blöd: Wenn Herrchen beim Spaziergang zu weit weg ist, setzt der junge Australian Shepherd im Galopp hinterher.

der Waldlichtung stehen die Zwillinge und ihre Eltern. Als sie ihn sehen, gibt es kein Halten mehr. Die Begrüßung ist überschwänglich, der verlorene Sohn ist zurück. Ari weiß jetzt: Das ist seine Familie. Die Streicheleinheiten der Zwillinge sind eigentlich doch ganz schön, und Oma meint es ja nie böse, und der Besuch am Wochenende kann auch richtig spannend sein.

DIE MITTE IST DER MENSCH

Nur wenige Haushunde leben noch in der Rudelgemeinschaft mit ihren Artgenossen. Für die große Mehrheit – allein in Deutschland mehr als fünf Millionen – ist die menschliche Familie oder der Single zum Mittelpunkt ihres Lebens geworden (→ Kapitel 6). Der Hund hat sich in der Partnerschaft viele Rituale und Verhaltensweisen seiner wilden Vorfahren bewahrt, von der Bereitschaft, sich ein- und unterzuordnen und einem Anführer zu folgen bis hin zur Bewachung und Verteidigung des Heimatbereichs gegenüber Fremden und dem aufopferungsvollen Beschützen der Familie. Längst hat sich dabei das Zweckbündnis der frühen Jahren der Haustierwerdung zur lebenslangen Freundschaft gewandelt.

45

Ein bisschen Erziehung muss sein: Freundlich, aber unmissverständlich zeigt die Labrador-Hündin dem Welpen die Grenzen auf.

DIE KOMPLEXE WELT DES WOLFSRUDELS

Rudelhierarchie Das Rudelleben der Wölfe basiert auf einer festen Rangordnung. Anführer ist der Alpha-Rüde, das ranghöchste Männchen. Nur er und das ranghöchste Weibchen dürfen für Nachwuchs sorgen. Die Rudelmitglieder erkennen sich an ihrem »Stallgeruch«, anders riechende Wölfe werden attackiert und vertrieben.

Verständigung Die komplexe Laut- und Körpersprache sorgt dafür, dass Missverständnisse selten sind. Streitereien enden in der Regel ohne ernste Blessuren. Jede Aktion dient dem Wohl der Gemeinschaft. Fehlverhalten wird gemaßregelt.
Mobiles Revier Wölfe sind ständig unterwegs und besitzen Jagdreviere, die oft mehrere Hundert Quadratkilometer umfassen; ob sie als Eigenbezirke markiert werden, ist unklar.

Ganz wie die Alten: Im Spiel mit der Hündin probiert der Welpe aus, wie man sich auf dem Rücken liegend zur Wehr setzen kann.

Der Klügere gibt nach: Ein neun Wochen junger Labrador kennt schon die hundetypische Demuts- und Unterwerfungshaltung.

Gemeinschaftsjagd Als Hetzjäger machen Wölfe vor allem Jagd auf Hirsche, Elche und Rentiere. Gegen diese großen Beutetiere kann das Rudel nur auf gemeinschaftlichen Jagd-zügen zum Erfolg kommen. Jagende Wölfe legen am Tag nicht selten mehr als 50 Kilometer zurück.

Nachwuchs Nach einer Tragzeit von neun Wochen bringt die Wölfin durchschnittlich fünf bis sieben Junge zur Welt. Bei der Welpenversorgung wird sie vom Rüden und anderen erwach-senen Rudelmitgliedern unterstützt und nimmt schon bald selbst wieder an den Jagdausflügen teil.

Jagdbeobachter Jungtiere dürfen als stille Beobachter und unter Aufsicht der Alttiere mit zur Jagd gehen.

Lebenszeit Geschlechtsreif wird ein Wolf mit drei Jahren, die durchschnittliche Lebenserwartung beträgt ca. zehn Jahre.

SCHON GEWUSST?

- Pariahunde sind verwilderte Haushunde. Zu ihnen zählen auch die Dingos in Australien. Dingos leben herrenlos und sind keinen züchterischen Eingriffen ausgesetzt. Daher besitzen sie deutlich mehr wölfische Eigenschaften als Hunde in Menschenhand.

- Im Lauf der Domestikation ist das Gehirn des Hundes im Vergleich mit dem seines direkten Vorfahren, des Wolfs, um fast 30 Prozent kleiner geworden (→ »Nachgefragt«, Seite 53).

- Anhand neuerer Untersuchungen des Genmaterials der Hunde schätzen Wissenschaftler, dass das Erbgut von Mensch und Hund zu etwa 90 Prozent übereinstimmt.

WIE SICH HUNDE KENNENLERNEN

Ein bisschen Distanz schadet nicht Hunde, die sich noch nie begegnet sind, checken die Lage oft erst einmal aus einiger Entfernung. Mit erhobener Rute signalisiert man Selbstbewusstsein und versucht mit leicht gesträubtem Fell dem Fremden zu imponieren.

Schnuppertest Kommen sich die beiden dann näher, läuft die Begegnung nach einem festen Ritual ab. Dabei entscheidet vor allem der Geruch, ob man friedlich bleibt oder die Zeichen auf Sturm stehen. Das Begrüßungsritual beginnt mit dem Nasenkontakt, bei dem sich beide Nase an Nase gegenüberstehen und beschnuppern. Der selbstbewusste Hund hebt die Rute und gibt dem anderen so die Gelegenheit, sein Analgesicht (→ Seite 62) zu beschnüffeln. Der Duft der Analdrüsen unter dem Schwanz verrät viel über die Persönlichkeit des Hundes. Ängstliche Naturen klemmen ihren Schwanz ein und drehen sich weg.

Demutshaltung Ein Hund, der sich auf den Rücken legt und seine verletzliche Bauchseite präsentiert, anerkennt die Überlegenheit des Artgenossen und gibt

ihm gleichzeitig zu verstehen, dass er selbst nur friedliche Absichten hat.

Heiße Action Für Hunde, die sich gut kennen, ist die Etikette weniger wichtig. Sie können frei und ausgelassen miteinander spielen.

Übungsgelände für Wühlmäuse: Löcher buddeln am Sandstrand ist nicht nur für einen English Springer Spaniel der ultimative Kick.

DER WOLF IST DER STAMMVATER DES HAUSHUNDES

Lange Zeit wurde neben dem Wolf vor allem auch der Goldschakal als möglicher Vorfahre unserer Hunde diskutiert. Die Arten ähneln sich im Körperbau, können mit Haushunden verpaart werden und bringen fortpflanzungsfähige Jungen zur Welt. In freier Natur kreuzen sich allerdings nur Wölfe und Hunde,

Paarungen von Hunden mit anderen wild lebenden Hundeartigen sind eher die Ausnahme. Mit Langzeitstudien und Kreuzungsversuchen ist heute eindeutig belegt, dass nur der Wolf als direkter Vorfahre und Stammvater des Haushundes infrage kommt. Übereinstimmungen in Gebiss und Zahnbau, Untersuchungen der Erbsubstanz und der Chemie des Blutes sowie die vielen

identischen Verhaltensmuster und die Sozialstruktur dokumentieren die sehr enge Verwandtschaft. Der Wolf ist der größte und typischste Vertreter der Familie der Hundeartigen. Die Art ist sicher in Eurasien entstanden. Über den Beginn der Domestikation, der Haustierwerdung des Hundes, wurde lange kontrovers diskutiert. Früheste Knochenfunde eines Hundes in einer menschlichen Grabstätte sind 14.000 Jahre alt, nach skeptisch zu sehenden neueren Erbgutuntersuchungen könnten hundeartige Vorläufer schon vor ca. 135.000 Jahren existiert haben.

KENNZEICHEN HUND

Der Hund hat sich viele Merkmale seiner wölfischen Vorfahren bewahren können, aber die Jahrtausende der Partnerschaft mit dem Menschen (→ Seite 71) und speziell die gezielte Zuchtwahl der jüngeren Vergangenheit haben ihre Spuren hinterlassen und zu eigenständigen Verhaltensweisen und selbst zu einigen physiologischen und körperlichen Anpassungen geführt.
● Wie der Wolf braucht auch der Hund die Gemeinschaft seiner Artgenossen. Dabei ist das Hunderudel einfacher strukturiert als das des Wolfs. Im Rudel herrscht eine klare Rangordnung, Leittier ist ein Alpha-Männchen.

Im Zusammenleben mit dem Menschen ist
die Lautsprache für Hunde wichtiger
als in der Verständigung mit ihren Artgenossen.

● Typisch für den Hund ist sein Eigenrevier, das mit Kot und Harn markiert und gegenüber fremden Artgenossen verteidigt wird. Während Hunde so ein festes Territorium besitzen, unterhalten Wölfe ein oft sehr großes Jagdrevier, das sich bei ihren, den wichtigsten Beutetieren folgenden Wanderzügen vermutlich schlecht abgrenzen lässt.

● Viele Hunderassen besitzen noch den ererbten Jagdtrieb, verhalten sich aber deutlich ungeschickter als Wölfe, die je nach Jagdsituation unterschiedliche Taktiken anwenden.

● Im Verlauf der Haustierwerdung sind die Sinnesleistungen des Hundes schwächer geworden. Die meisten Hunde hören, sehen und riechen schlechter als ein Wolf – von einzelnen Rassen abgesehen, bei deren Zucht bestimmte Eigenschaften gezielt gefördert wurden, wie das Sehvermögen der auf Sicht jagenden Windhunde. Aber selbst ein auf besonders gutes Riechvermögen gezüchteter Bluthund kann es mit der Nase eines Wolfs nicht aufnehmen.

● Eine Hündin bringt drei bis zehn, manchmal aber auch zwanzig und mehr Junge zur Welt. Wie bei anderen Haustieren ist die Jungenzahl des Hundes höher als bei seinen wild lebenden Verwandten.

● Hundewelpen entwickeln sich schneller als junge Wölfe. Hunde werden mit ca. zehn Monaten geschlechtsreif, Wölfe erst im dritten Lebensjahr.

● Für Hunde ist die Lautsprache wichtiger als für Wölfe, die sich eher mit Mimik und Körpersprache verständigen. In der Kommunikation mit dem Menschen verwenden Hunde Laute, die sie untereinander nur selten benutzen, etwa das Bellen.

● Im Vergleich mit seinem Stammvater heult ein Hund seltener, abe auch er setzt den Stimmfühlungslaut ein, wenn er alleine ist und Kontakt mit seinem Rudel aufnehmen will.

● Wölfe sind scheue und vorsichtige Tiere, die vor Menschen fliehen. Hunde haben diese Scheu abgelegt.

● Vom Wolf hat der Hund sein ausgeprägtes Neugier- und Erkundungsverhalten geerbt. Schon die Welpen gehen auf Entdeckungsreisen, sobald sie auf eigenen Beinen stehen.

Unüberhörbar: Für den Hund ist die akustische Kommunikation wichtiger als für seinen Stammvater, den Wolf.

Ein Herz und eine Seele: Der enge Kontakt zu den Wurfgeschwistern ist für Welpen unverzichtbar. Die harmonische Kinderzeit prägt das ganze Leben des Hundes.

WAS HUNDE GLÜCKLICH MACHT

Für das Rudeltier Hund gibt es nur das Leben in der Gruppe, auf sich alleine gestellt wäre er verloren. Die Bereitschaft, sich ein- und unterzuordnen, ist ihm angeboren – das gilt auch für sein menschliches Familienrudel oder die Zweierbeziehung mit einem Single. Hunde beobachten sehr genau, wissen schnell, was man von ihnen erwartet, und passen sich unserem Lebensrhythmus an. Gleichzeitig behalten sie in der Partnerschaft mit dem Menschen aber auch bestimmte Verhaltensmuster und Reaktionen bei, die in ihrem Wesen fest verwurzelt sind. Die wichtigsten der hundetypischen Wesenszüge sollte jeder Halter kennen und seinem Vierbeiner ein Lebensumfeld bieten, das diesen Ansprüchen gerecht wird. Er schafft damit die Basis für ein harmonisches Zusammenleben.

Rangordnung Von seinem Besitzer erwartet der Hund die Fähigkeiten eines Rudelführers: konsequentes Handeln und klare Kommandos. Vor allem die dominanten Rüden testen immer wieder einmal die Führungsqualitäten des Menschen und verweigern Befehle oder reagieren aufsässig. Wer sich in den Augen seines Hundes schwach und nachgiebig zeigt, wird nicht mehr als Boss anerkannt (→ Seite 84).

Familienleben Ein Hund will immer und überall dabei sein. Er fühlt sich bestraft, wenn er nicht an den Aktionen seines Rudels teilhaben darf, wenn er ausgegrenzt oder abgeschoben wird. Hunde, die ständig allein gelassen oder im Zwinger gehalten werden, entwickeln Unarten und Neurosen und sind krankheitsanfälliger als ihre Artgenossen mit Familienanschluss.

Tagesrhythmus Hunde brauchen einen geregelten Tag. Feste Gassi-Termine und verbindliche Fütterungs-, Ruhe- und Spielzeiten geben ihnen Sicherheit und erleichtern das Miteinander.

Beschäftigung Jobs, Wächteraufgaben und Bringdienste sorgen dafür, dass Ihr Hund sich nicht langweilt. Beschäftigung hält ihn körperlich und im Kopf fit und verhindert, dass er auf dumme Gedanken kommt. Das ist besonders wichtig, wenn er für einige Zeit alleine in der Wohnung bleiben muss.

Sport und Spiel Hunde brauchen Bewegung. Mit dem kurzen Verdauungsspaziergang um den Häuserblock ist es nicht getan. Die meisten wollen sich richtig austoben, sei es als Begleiter beim Joggen und neben dem Fahrrad oder auf dem Fitness- und Agility-Parcours. Ebenso begeistert ist Ihr Hund, wenn Sie ihn zum Spiel auffordern, mit Ball und Frisbee oder zu Versteck- und Suchspielen. Die gemeinsame Spielstunde stärkt zugleich auch die Beziehung von Hund und Mensch.

Ein glücklicher Hund ist immer und überall dabei, er nimmt am Familienleben teil, langweilt sich nie und hat jede Menge Bewegung.

Schnüffelzeit Hunde interessieren sich für ihre Umwelt und stecken gern überall ihre Nase rein. Geben Sie Ihrem Vierbeiner beim Gassigehen Zeit zum Schnüffeln, damit er weiß, wer wann wo unterwegs war, ob Artgenosse, Katze oder Hase.

Hundebegegnungen Hunde begrüßen sich nach einem festen Ritual (→ Seite 62). Wenn Sie Ihren Hund gewähren lassen, läuft fast jede Begegnung friedlich ab.

NACHGEFRAGT

Sind Hunde dümmer als Wölfe?

 **Harald Schliemann ist Zoologieprofessor an der Universität in Hamburg. Schwerpunkte seiner Arbeit sind vergleichende Untersuchungen zur Anatomie der Wirbeltiere.**

Wer gehört zu den ältesten Hunderassen?

In Mitteleuropa stehen wahrscheinlich spitzähnliche Hunde mit am Beginn der Rassenbildung. Die Experten bezweifeln allerdings, dass diese Tiere sich auf steinzeitliche Haushundformen wie den Torfhund zurückführen lassen. Während die Deutschen Spitze vornehmlich Wächter- und Begleitaufgaben erfüllen, sind die nordischen Spitze Jagd- und Hütehunde. Zur Spitzverwandtschaft zählt auch der japanische Akita Inu, der ebenfalls einen starken Jagdtrieb besitzt. Weitere ursprüngliche Rassen sind Husky, Alaskan Malamute, Grönlandhund, Samojede, Basenji und Chow-Chow.

Spielt der Mensch für seinen Hund die gleiche Rolle wie der ranghöchste Artgenosse im Rudel?

Das Leben im Hunderudel ist sehr viel komplexer, als es in der Beziehung von Hund und Mensch möglich ist. Wir können mit dem Hund nicht so differenziert kommunizieren wie er mit seinesgleichen. Obwohl der Mensch in einer intakten Beziehung gegenüber seinem Vierbeiner eine ähnliche Führungsposition einnehmen sollte wie der Alpha-Rüde im Rudel, betrachtet ihn der Hund nicht als zweibeinigen Artgenossen.

Sind Hunde dümmer als Wölfe?

Wölfe haben ein größeres Gehirn und schärfere Sinne als Haushunde. Das Leben in der Wildnis konfrontiert den Wolf mit ständig neuen Situationen und verlangt schnelles Handeln. Der Hund muss sich solchen Anforderungen nicht mehr stellen, er hat aber in der Partnerschaft mit dem Menschen andere Fähigkeiten entwickelt und erkennt zum Beispiel sofort, was sein Halter von ihm will. Genau wie sein Stammvater hat sich der Hund seiner Lebenssituation perfekt angepasst.

DIE BESTE FREUNDIN VON ALLEN Miriam ist für mich das Wichtigste auf der Welt. Ich vermisse sie schon, wenn ich einmal für zwei Stunden allein bleiben muss. Das passiert zum Glück nur ganz selten, weil ich fast immer und überall dabei sein darf. Es zahlt sich aus, dass ich gut erzogen bin, perfekte Manieren habe und nie quengele. Na ja, fast nie.

Shoppen in der City Wir haben uns gesucht und gefunden: Vom Naturell und Temperament ist Miriam exakt meine Kragenweite. Bei uns ist immer Action angesagt. Unsere Shoppingtour am Samstag hat Tradition, auch wenn ich manchmal vor der Tür warten muss. In Miriams Lieblings-Café bin ich gern gesehen, weil ich mucksmäuschenstill unter dem Tisch liegen bleibe, selbst wenn ein unzivilisierter Artgenosse mich anpöbeln will. Ich laufe brav an der Leine, zerre nicht und warte an jeder Straße, bis mir Miriam grünes Licht gibt. Abends sind wir beide ausgepowert. Aber herrlich ist es schon!

Alles planmäßig Miriam hat einen echt stressigen Job. Mit pünktlichem Heimkommen klappt es leider nicht immer. Für mich ist es okay, weil sie alles dafür tut, damit ich mich wohlfühle. Miriam

NINOTSCHKA

Ninotschka, Nina gerufen, ist zweieinhalb Jahre alt und eine quirlige Jack-Russell-Hündin. Mit Besitzerin Miriam Steinbrecher lebt sie in einem Appartement in Düsseldorf. Nina und Miriam sind ein Herz und eine Seele.

sorgt dafür, dass mein Tag geregelt abläuft, mit festen Fütterungszeiten, dem langen Spaziergang am Nachmittag, einer abendlichen Spielsession und der gemeinsamen Stunde vorm Fernseher, falls eine Sendung nach unserem Geschmack läuft. Das klingt so, als wäre ich eine Pedantin. Stimmt aber nicht. Für mich ist es einfach toll, wenn ich mich schon morgens aufs Gassigehen oder das Ballspiel freuen kann.

Blaue Stunde Wir sind beide richtig aktive Ladys, doch die Zeit, um die Seele baumeln zu lassen und zu relaxen, nehmen wir uns immer. Am besten nach einem Powerplay mit Ball und Frisbee oder dem Agility-Training im Garten. Man ist total erschöpft, fühlt sich aber trotzdem sauwohl. Wir räkeln uns auf dem Sofa und genießen die herrliche blaue Stunde. Ich liebe es. Und Miriam auch.

Was ich mir wünsche
- immer und überall dabei zu sein
- nicht draußen warten zu müssen, nur weil ein Ladenbesitzer Hunde für aggressiv und schmutzig hält
- mit interessanten Artgenossen und Menschen ins Gespräch zu kommen
- Stunden und Tage, wo ich meine Miriam ganz alleine für mich habe, zum Beispiel im gemeinsamen Urlaub

GAR NICHT MAULFAUL

Wer sich in der Clique behaupten will, muss eine deutliche Sprache sprechen, um Zoff und Missverständnisse zu vermeiden. Mit ihrer komplexen Körper- und Lautsprache meistern Hunde jede Situation.

SPRACHBEGABTE GESELLSCHAFTSLÖWEN Bei den im Rudel lebenden Hundeartigen sorgt ihre facettenreiche Sprache für eine konfliktfreie Kommunikation. Beim Wolf spielt die Körpersprache eine zentrale Rolle. Der Haushund hat im Zusammenleben mit dem Menschen gelernt, unsere Signale richtig zu deuten, und verlässt sich selbst dabei

stärker auf die Lautsprache als in der Kommunikation mit den Artgenossen. Im Nahbereich orientiert sich das Nasentier Hund in erster Linie am Geruch seines Gegenübers, weil ihm der Duft eine Vielzahl unverfälschter Informationen liefert. An der individuellen Duftnote erkennt er bei Begegnungen mit anderen Hunden deren Persönlichkeitsbild.

WER EIN GANZER KERL SEIN WILL, DARF NIEMALS SEIN GESICHT VERLIEREN

Bei Dobermann Mike und Boris, dem Airedale Terrier, war es Feindschaft auf den ersten Blick. Die beiden mussten sich nur einmal sehen und wussten, dass sie sich nicht riechen konnten. Nicht unbedingt die beste Perspektive für zwei Rüden, die nur fünf Häuser voneinander entfernt in einer Straße wohnen. Und für ihre Besitzer schon gar nicht. Zwangsläufig arrangierte man sich, sprach unterschiedliche Gassi-Zeiten

ab, ging möglichst auf verschiedenen Wegen spazieren und nahm die spinnefeinden Herren im Dunstkreis der Wohnungen gewissenhaft an die Leine. Selbst wenn sich die Intimfeinde nur aus der Ferne zu Gesicht bekamen, spukten sie Gift und Galle und signalisierten, dass sie jederzeit zum Kampf bereit wären. Einmal passierte dann doch, womit keiner gerechnet hatte: Auf einem Waldweg standen sich Mike und Boris unvermittelt gegenüber – beide ohne Leine. Die Rufe ihrer Besitzer stießen auf taube Ohren.

Beide Hunde waren von der unerwarteten Konfrontation sichtbar überrascht. Erst nach einigem Zögern bewegten sie sich langsam aufeinander zu, bis sie Seite an Seite standen, auf durchgedrückten Beinen, den Kopf hoch erhoben, das Nackenfell gesträubt, tief und böse knurrend (→ Imponieren, Seite 64). Dann drehten sie sich wie in Zeitlupe umeinander, doch keiner wagte den Angriff. Wieder verharrten beide in der Ausgangsstellung, ohne dass etwas geschah. Es dauerte eine

Schau mir ins Gesicht, und du weißt, wie es mir geht: Freundlich, hellwach und an allem interessiert ist dieser Zwergpudel-Mischling.

Ewigkeit, bis sie schließlich zeitgleich und betont langsam zur Seite gingen, ohne sich aus den Augen zu lassen. Demonstrativ markierte jeder und signalisierte dem Gegner, dass er nicht klein beigegeben hatte. Beide Hunde hatten die Stärke des Kontrahenten erkannt und wussten, dass ein Kampf riskant und der Ausgang ungewiss wäre. Die Preisgabe der Stellung war

jedoch schwierig: Fluchtartig konnte man das Feld nicht räumen, das wäre einem Eingeständnis der Niederlage gleichgekommen. Im geordneten Rückzug wahrte jeder das Gesicht und fühlte sich als moralischer Sieger. Trotz Status quo – die Sache war ausgestanden. Dass man sich bei passender Gelegenheit wieder fürchterlich angiften würde, verstand sich von selbst.

WÖLFE GEHEN HÖFLICH MITEINANDER UM

Die Körper- und Lautsprache hat verhindert, dass sich Mike und Boris in die Haare gerieten. Unmissverständlich miteinander zu kommunizieren ist ein wölfisches Erbe. Die Wölfe können sich in freier Wildbahn nur erfolgreich behaupten, wenn die Verständigung der Rudelmitglieder reibungslos klappt.

- Der Rudelalltag der Wölfe sowie Jagd und Feindabwehr basieren auf perfekter Organisation und Arbeitsteilung.
- Der Umgangston ist freundlich und höflich. Die Gruppenmitglieder müssen nicht ständig Stärke demonstrieren oder sich aggressiv verhalten.
- Wölfe verständigen sich leise. Die Körpersprache ist wichtiger als die Lautsprache. Vorteil: Auf der Jagd wird der Standort nicht zu früh verraten.

- Wolfstypisch ist das lang gezogene, weit tragende Heulen, mit dem die Tiere ihren Standort signalisieren, wenn sie außer Sichtweite sind (Stimmfühlungslaut). Beginnt ein Wolf zu heulen, fällt häufig auch das ganze Rudel ein.
- Mit seinem Raubtiergebiss kann ein Wolf sogar die Schenkel großer Huftiere durchtrennen. Voller Einsatz der Zähne würde bei Streitigkeiten mit Artgenossen zu schweren oder tödlichen Verlet-

zungen führen. Kämpfe sehen martialisch aus, enden aber meist ohne ernste Blessuren, wenn der Verlierer in einer Demutsgebärde die verwundbarsten Körperpartien präsentiert und damit seine Niederlage eingesteht.
- Wolfsrudel benötigen zum Teil sehr große Jagdreviere. Ob diese in den Außenbereichen als Eigenbezirke markiert und verteidigt werden, ist offen.

WÖRTERBUCH HUNDESPRACHE

Hunde verfügen über das gleiche Verständigungsrepertoire wie die Wölfe. Da die meisten aber nicht mehr im Rudel mit Artgenossen leben, ist ihre Sprache im Verlauf der Domestikation einfacher geworden. Dabei hat der Hund im Dialog mit dem Menschen gelernt, dass er sich mit Lauten besser verständlich machen kann als mit der Körpersprache.

KÖRPERSPRACHE

Körperhaltung, Fell, Schwanz und die Ausdrucksformen des Gesichts (Mimik) gehören zur Körpersprache des Hundes. Die verschiedenen Sprachbilder (→ Seite 62) setzen sich aus mehreren Einzelkomponenten zusammen und werden meist von der entsprechenden Lautsprache begleitet.

Sprechende Mimik: Nicht ganz wohl in ihrem Fell fühlt sich diese neun Monate alte Hündin. Die nach hinten gelegten Ohren verstärken den ängstlichen Ausdruck.

Körperhaltung Die Körperhaltung zeigt Stimmungslage und Selbstbewusstsein an. Dabei spielt die Haltung von Kopf, Hals, Rücken und Beinen eine Rolle. Ein selbstsicherer Hund steht aufrecht, die Beine durchgedrückt, den Kopf erhoben, mit gerade verlaufender Rückenlinie. Der unsichere Hund senkt Hals und Kopf, seine Beine knicken ein, der Rücken ist krumm. Der Angsthase will sich möglichst klein machen.
Bewegung Selbstbewusste Hunde laufen leichtfüßig, der Bewegungsablauf ist flüssig und harmonisch. Gehemmte Tiere bewegen sich geduckt und im Zeitlupentempo.

Fell Bei Erregung sträubt ein Hund die Haare im Nacken, auf dem Rücken und an der Schwanzwurzel oder einzelne Fellpartien. Er wirkt größer, was oft einen abschreckenden Effekt hat. Bei langem Fell ist das Sträuben kaum zu erkennen.
Ohren Position und Spiel der Ohren signalisieren Aufmerksamkeit, Unsicherheit, Angst und Wut. Entsprechendes gilt für die Mundpartie.
Rute Selbstbewusste Hunde tragen den Schwanz frei, ängstliche kneifen ihn ein. Ein Hund, der sich freut, wedelt mit dem Schwanz, die steif gehaltene Rute ist ein Warnsignal.

WAS HUNDE SAGEN WOLLEN

BEGRÜSSUNG Wenn zwei Hunde sich begegnen, nehmen sie Nase an Nase Kontakt zueinander auf. Dieser ersten Schnupperprobe folgt das gegenseitige Beriechen des sogenannten Analgesichts unter dem Schwanz. Die hier liegenden Analdrüsen sind gleichsam die geruchliche Visitenkarte eines Hundes und verraten dem Artgenossen, wen er hier vor sich hat. Selbstsichere Tiere lassen die Kontrolle des Analgesichts zu, ängstliche Hunde klemmen oft den Schwanz ein, um den Dufttest zu verhindern. In den meisten Fällen läuft die Begrüßung friedlich und mit freundlichem Schwanzwedeln ab.

FREUNDLICH Ein ausgeglichener und selbstsicherer Hund steht aufrecht mit erhobenem Kopf. Sein Blick ist offen, aber nicht starr oder fixierend, die Ohrmuscheln sind aufmerksam nach vorne gerichtet, das Fell ist nicht gesträubt. Je nach Vertrautheit mit seinem Gegenüber wedelt der Hund leicht oder schnell mit dem Schwanz. Befreundete Menschen werden dabei meist mit einem hellen Bellen begrüßt.

DROHEND Die Körpersprache sagt unmissverständlich: Mit mir ist nicht gut Kirschen essen! Der Hund positioniert sich seitlich auf steifen Beinen, der Kopf ist vorgestreckt, die Ohren sind zur Seite gedreht oder angelegt, das Fell ist gesträubt, der Schwanz wird steif nach hinten gehalten. Ein kampfbereiter Hund runzelt die Stirn und die Schnauze, zieht die Lefzen hoch und entblößt die Zähne. Der Gegner wird unverwandt angestarrt. Lautsprache: tiefes und bedrohliches Knurren.

ÄNGSTLICH UND UNSICHER Mit geducktem Körper, gesenktem Kopf und gekrümmtem Rücken macht sich der unsichere Hund so klein wie möglich. Der Schwanz wird häufig eingeklemmt. Der Blick geht zur Seite oder nach unten. Die Bewegungen sind gehemmt und verzögert. Ein Hund, der für ein Fehlverhalten gemaßregelt wird oder Angst vor Strafe hat, verkriecht sich oft in einer Ecke. Meist ohne Lautäußerung, manchmal mit leisem Beschwichtigungsfiepen.

MISSTRAUISCH Der Körper ist angespannt und fast erstarrt. Der Hund richtet seine Aufmerksamkeit auf eine ihm nicht geheure Situation oder fixiert ein fremdes Objekt bzw. einen fremden Hund. Lautsprache: leises, warnendes Knurren, das oft aber Unsicherheit signalisiert. Je nach Lage kann die Stimmung in freundlich oder aggressiv umschlagen.

BETTELND Ein bettelnder Hund versucht den Menschen durch Hochheben oder Aufheben der Pfote oder durch Anstupsen mit der Schnauze auf sich aufmerksam zu machen. Die Pfotengeste ist angeboren und tritt schon beim Welpen auf. Typischer Bettellaut ist ein hohes, forderndes Fiepen.

AUFFORDERUNG ZUM SPIEL Auch für den Laien ist die Körperhaltung eines Hundes unverkennbar, der den Menschen oder seine Artgenossen zum Mitspielen animieren will: Kopf und Vorderbeine liegen auf dem Boden, der Vorderkörper ist stark abgesenkt, die Hinterbeine sind aufgerichtet, das Hinterteil wird in die Höhe gestreckt, der Schwanz wedelt freudig. Spielmimik: leicht geöffnete Schnauze, zurückgezogene Lefzen, aufgestellte Ohren. Die Augen richten sich erwartungsvoll auf den Spielpartner. Lautsprache: helles Aufforderungsbellen. Die Spielabsicht wird durch kleine Hopser bekräftigt, wobei die Körperhaltung beibehalten wird.

Jeder Zoll ein stolzer Husky: Mimik, Kopf- und Körperhaltung des Schlittenhundes signalisieren Selbstbewusstsein und Stärke.

Die Ohrenstellung korrespondiert mit dem jeweiligen Gesichtsausdruck. Einige Formen der Mimik sind reine Körpersprache ohne Lautgebung, andere werden von Knurren, Fiepen, Bellen und weiteren Tönen begleitet oder durch zusätzliche Körpersignale verstärkt, wie zum Beispiel das »Spielgesicht« (→ Seite 63), bei dem die mimische Aufforderung mit einer typischen Körperhaltung einhergeht.

IMPONIEREN

Mehr Schein als Sein zahlt sich oft aus. Wer andere beeindrucken kann, muss nicht unbedingt beweisen, dass er stärker, gewitzter oder schneller ist. Ein Hund erreicht das durch Imponieren: Er macht sich möglichst groß, drückt die Beine durch, zeigt dem anderen die Breitseite und blickt ihn unverwandt an. Der Kopf ist erhoben, die Ohren sind aufgestellt, Nacken-, Rücken- und Schwanzhaare gesträubt, die Rute zeigt aufwärts. Sind sich gleich starke Hunde nicht grün, lässt sich durch Imponieren ein Kampf vermeiden, von dem keiner weiß, ob er ihn gewinnen würde. Man wahrt sein Gesicht, zieht sich langsam zurück und darf sich als Sieger fühlen (→ Seite 58). Aber auch kleine Hunde versuchen in Imponierhaltung größere Artgenossen auf Distanz zu halten.

MIMIK

Die mimischen Ausdrucksformen des Hundes sind im Vergleich zu denen des Wolfs eingeschränkt. Trotzdem ist sein Mienenspiel wandlungsfähig und aussagekräftig und hat einen besonderen Stellenwert in der Kommunikation. Der Gesichtsausdruck ist ein wichtiges Stimmungsbarometer und beeinflusst die Reaktionen der »Gesprächspartner« ganz wesentlich. Die mimischen Signale setzen sich ähnlich einem Mosaik aus mehreren Bausteinen zusammen. Dazu gehören der Ausdruck und die Blickrichtung der Augen (zum Beispiel beim Fixieren eines Gegners), das Öffnen des Mauls und Blecken der Zähne, das Hochziehen der Lefzen und Mundwinkel und das Runzeln von Stirnhaut und Nasenrücken.

LAUTSPRACHE

Zur Lautsprache des Hundes gehören viele unterschiedliche Lautäußerungen. Am auffälligsten ist das Bellen. Hunde bellen weit häufiger und differenzierter als ihre wild lebenden Verwandten, offensichtlich ein Resultat der Domestikation, wo sie sich schon früh als Wächter nützlich machen mussten und folgerichtig Tiere bevorzugt wurden, die Fremde und ungebetene Gäste durch Bellen meldeten. Aber Hunde können auch winseln, fiepen, jaulen, knurren, schmatzen und vieles mehr. Je nach Situation haben gleiche Laute oft verschiedene Bedeutungen und unterscheiden sich in Tonhöhe, Stärke, Dauer und in Häufigkeit und Intervall der Wiederholung (→ siehe unten). Häufig werden Laute moduliert und in Klangfarbe und Intensität abgewandelt: Bei anschwellendem Knurren verändert sich die Lautbotschaft von einem dezenten Verwarnen zum bedrohlichen Signal des bevorstehenden Angriffs. Jede Lautäußerung ist Teil eines Sprachbildes mit einer korrespondierenden Körperhaltung und Mimik.

Bellen Ein bellender Hund spricht meist mit dem Menschen, in Hundekreisen wird nur selten gebellt. Bellen kann sich sehr unterschiedlich anhören: anhaltend und in gleichbleibenden Abständen, um auf sich aufmerksam zu machen und Kontakt aufzunehmen; hell und in schneller Folge, wenn Herrchen nach Hause kommt und freudig begrüßt wird; dunkel und warnend gegenüber Fremden; hoch und fordernd, wenn der menschliche Spielpartner endlich aktiv werden soll.

Knurren Im Knurren sind auch die Kleinen schon ganz groß: Im wilden Kampfspiel knurren Welpen um die Wette, was bei den Wurfgeschwistern aber keinen nachhaltigen Eindruck hinterlässt. Dass man um ausgewachsene Hunde, die tief und böse knurren, besser einen großen Bogen macht, wissen alle Artgenossen und auch die meisten Zweibeiner. Leises Knurren kann aber auch Wohlbefinden ausdrücken, und selbst im Schlaf wird oft heftig geknurrt (→ Kasten rechts).

Heulen Allein gelassene Hunde heulen, um Kontakt zu ihren Menschen aufzunehmen. Wie die Wölfe stimulieren sich Hunde aber auch gegenseitig zum Heulen. Auslöser für ein vielstimmiges Heulkonzert des ganzen Hundeviertels können Kirchenglocken und Feuerwehrsirenen sein, die für Hundeohren offensichtlich ähnlich klingen. Rüden, denen der Duft einer läufigen Hündin in die Nase weht, zu der aber kein Weg führt, machen ihrem Liebeskummer durch Heulen Luft. Und in einsamen Nächten heulen Hunde auch den Mond an.

Winseln und Fiepen Hunde winseln aus Angst vor Strafe, um ihr Gegenüber milde zu stimmen. Ständiges Winseln ist oft ein Zeichen für Unsicherheit. Fiepen soll ebenfalls beschwichtigen, wird darüber hinaus gerne von notorischen Bettlern produziert, die ihren Besitzer erfolgreich zum Leckerbissen-Automaten umfunktioniert haben.

Jaulen Ein Hund jault, wenn er Schmerzen hat, in eine bedrohliche Lage gerät und manchmal auch aus Protest.

SCHON GEWUSST?

- Bei gut sozialisierten Welpen werden Sprachvermögen und »Redegewandtheit« schon früh gefördert. Solo aufwachsende Hunde haben meist erhebliche Sprachdefizite, was im Zusammenleben mit anderen Hunden und in der Partnerschaft mit dem Menschen Konflikte verursacht.

- Im REM-Schlaf, einer Leichtschlafphase, in der sich die Augen schnell hin- und herbewegen, träumen Hunde offensichtlich ähnlich wie der Mensch. Je nach Traum bellt, knurrt oder fiept ein Vierbeiner dabei oft auch.

- Hunde setzen Harn an strategischen Stellen ab. Rüden heben dabei ihr Bein möglichst hoch, damit die Duftmarke von den Artgenossen besser wahrgenommen wird.

RASSEBEDINGTE SPRACHPROBLEME

Es gibt heute über 400 Hunderassen. Die unterschiedlichen Zuchtziele haben dazu geführt, dass manche im Aussehen nur noch entfernt an Stammvater Wolf erinnern. Einige Zuchtformen können sich nicht mehr artgerecht verständigen, weil sich bestimmte körperliche Merkmale stark verändert und ihre »Sprachfunktion« teilweise oder ganz eingebüßt haben.

● Hängeohren: Anders als bei Stehohren kann man die Gemütsverfassung an Hängeohren kaum ablesen.

● »Gardine«: Starke Gesichtsbehaarung, wie sie zum Beispiel für den Bobtail typisch ist, schränkt die Mimik erheblich ein.

● Straffe Haut: Die Gesichtshaut des Dobermanns ist so straff, dass sich der Gesichtsausdruck nur wenig verändert.

Im Dialog mit Ihrem Hund kommt es auf den
richtigen Tonfall und die Lautstärke
an. Was Sie ihm sagen, ist hingegen nicht wichtig.

● Die im Ruhezustand nach unten hängende und frei bewegliche Rute hat eine wichtige Signalfunktion. Bei Hunden, die ihre Rute rassetypisch zwischen die Hinterbeine klemmen (Whippet, Greyhound), ist diese Verständigungsmöglichkeit ebenso reduziert wie bei Rassen, deren Rute auf dem Rücken getragen wird (Pekingese, Mops, Chow-Chow).

MISSVERSTÄNDNISSE VERMEIDEN

Im Gespräch mit dem Hund macht der Tonfall die Musik. Was Sie ihm sagen, ist nicht von Bedeutung, wie Sie es sagen, umso mehr: Wenn Sie Ihren Hund normal ansprechen, sollte die Stimme neutral bleiben. Sprechen Sie langsam, ohne Hast und nicht zu laut. Eine leise Stimme zwingt den Hund dazu, aufmerksamer zuzuhören. Konzentrieren Sie sich bei Ihrer Ansprache ganz auf den Vierbeiner und unterstreichen Sie Ihre Worte mit eindeutigen Gesten. Ihr Hund registriert jede Unachtsamkeit: Wenn Sie sich während des Dialogs ablenken lassen oder mit anderen Dingen beschäftigen, hört er Ihnen schon bald nicht mehr zu. Beim Tadel ist der Tonfall scharf und hart, Lob sollte freundlich, warm und leise klingen. Kommandos müssen kurz sein und sollten sich durch helle und dunkle Vokale unterscheiden (zum Beispiel »Komm!« und »Sitz!«), um Verwechslungen zu vermeiden. Ihre Wirkung wird erhöht, wenn Sie die Vokale besonders betonen oder dehnen. Ein einmal gewähltes Kommando sollte nicht geändert oder ersetzt werden.

DUFTMARKEN

Das Leben des Hundes wird von Gerüchen bestimmt. Duftmarken aus Kot und Harn begrenzen das Revier und teilen den Artgenossen mit, wer hier das Sagen hat. Fremde Gegenstände im Eigenbereich werden markiert und so zum Besitz erklärt. In der Wohnung setzt ein Hund nur dann Duftmarken ab, wenn er den Geruch eines anderen Hundes überdecken will. Die Begrüßung zwischen Hunden hat zeremoniellen Charakter (→ Seite 62); nur Tiere, die sich gut kennen, verzichten auf das Ritual. Im Sexualverhalten spielen Gerüche eine zentrale Rolle. Der Duft läufiger Hündinnen lockt Rüden über große Distanzen herbei. Hunde haben ein Duftgedächtnis, in dem Geruchsinformationen gespeichert sind und mit neuen Geruchswahrnehmungen verglichen werden.

Nur Augen für Herrchen: Regelmäßiger Blickkontakt sorgt dafür, ▶ dass der Beagle immer weiß, was sein Mensch von ihm will.

FREUNDE FÜRS LEBEN

Die Beziehung von Mensch und Hund

hat viele Jahrtausende überdauert. Was einst als reines Zweckbündnis begann, entwickelte sich zu einer lebendigen und für beide Seiten unverzichtbaren Partnerschaft.

AUF DEN HUND GEKOMMEN sind allein in Deutschland mehr als fünf Millionen Familien und Singles. Die meisten würden weder für Geld noch gute Worte auf das Leben mit ihrem Vierbeiner verzichten. Der Hund ist zu einem vollwertigen Familienmitglied geworden, zum Partner und verständnisvollen Freund Alleinstehender, zum

zuverlässigen Begleiter in allen Lebenslagen. Für den vierbeinigen Partner gehen ihre Besitzer gern Kompromisse ein, passen ihren Lebensrhythmus seinen Bedürfnissen an, widmen ihm einen Großteil ihrer Freizeit, nehmen Rücksicht bei Urlaubsplanung und vielen anderen Aktivitäten.

STOLZ WIE OSKAR

Kati und Bärli haben einen Job, um den sie alle Artgenossen beneiden würden. Zumindest solche, die wie sie als Berner Sennenhunde das Licht der Welt erblickt haben. Kati und Bärli dürfen sich nämlich als Zughunde bewähren. Und das machen sie genauso gut wie Pferde, die sich vor einem Wagen ins Geschirr legen. Nur ist der bei ihnen eine Nummer kleiner und wurde speziell für sie angefertigt. Auf ihm ziehen die beiden Sennenhunde jeden zweiten Tag die vollen Milchkannen von dem im Berner Oberland gelegenen Bauernhof

ihrer Familie zur Hauptstraße, wo der Milchtankwagen die Fracht übernimmt. Danach bringen sie die leeren Kannen zum Hof zurück. Eine Begleitperson läuft nebenher, aber die Hunde würden den Weg garantiert auch allein finden. Zugdienste haben für die stämmigen Sennenhunde Tradition. Früher sah man die kleinen Gespanne in allen Regionen der Schweiz, heute ist nur eine Handvoll übrig geblieben. Für Kati und Bärli ist es das Highlight des Tages, wenn ihnen ihr Geschirr angelegt wird. Auch das ist eine Spezialanfertigung, kräftiges Leder mit wunderschönen Messingapplikationen in Form kleiner Sennenhunde. Der Milchtouren sind toll, doch die Sonntagswanderungen sind das absolut Größte. Dann ziehen Kati und Bärli den Ausflugswagen, in dem drei Kinder Platz haben. Mitfahren dürfen allerdings nur die ganz Kleinen, damit die beiden Berner nicht überfordert werden. Denen macht es mit der lustigen Rasselbande sichtlich Spaß. Leider geht die Sonntagsreise immer viel zu früh zu Ende.

Vorstehhunde wie der Kleine Münsterländer zeigen geschossenes Wild durch Heben des Vorderlaufs an und verharren bewegungslos.

IM DIENSTE DES MENSCHEN

Lange bevor wir uns Ziege, Schaf, Rind, Esel, Schwein und Pferd nutzbar machten und die Katze als Nagerpolizei ins Haus holten, sind wir auf den Hund gekommen. Seit ca. 15.000 Jahren leben Hund und Mensch zusammen. Nicht nur in den frühen Jahren, sondern fast bis in unsere Tage war das in erster Linie ein reines Zweckbündnis, um uns der besonderen Sinnesleistungen und Fähigkeiten des Hundes zu versichern – als Helfer bei der Jagd, als Wächter der Herde, als Zugtier und Lastenträger. Arbeits- und Diensthunde gibt es noch immer. Auch wenn sie im Vergleich zum Heer der Familien- und Begleithunde nur eine verschwindende Minderheit ausmachen, sind diese Spezialisten in vielen Bereichen unverzichtbar.

Jagdhelfer Neben dem Wächterdienst gehörte die Begleitung des Jägers zu den ersten Jobs des Hundes an der Seite des Menschen. Geeignet waren Tiere, die Wild anzeigen, aufstöbern und stellen konnten und es nach dem Erlegen herbeibrachten. Schon früh begann man mit Auswahl und Zucht jagdtauglicher Hunde. Heute gibt es hoch spezialisierte Jagdhundrassen,

Ein Findling, der ein bisschen aus der Art geschlagen ist: Schnüffelprobe an einem gerade vier Wochen alten Fuchskind.

ohne die bestimmte Jagdarten nicht möglich wären. Dazu zählen die Laufhunde, die der Fährte des Wildes bellend und meist in der Meute folgen (Foxhounds), ebenso wie die Schweiß- und Fährtenhunde (Basset, Hannoverscher Schweißhund und Bloodhound), die die Spur einer angeschossenen Jagdbeute auch nach mehreren Tagen nicht verlieren. Vorstehhunde wie der

Deutsch Kurzhaar scheuchen das Wild auf, damit die Jäger zum Schuss kommen, und apportieren es anschließend. Sowohl Lauf- wie Vorstehhunde sind reine Jagdspezialisten, die ausschließlich in die Hand des Jägers gehören und sich nicht zum Familienhund eignen. Die FCI (Fédération Cynologique Internationale, → Adressen, Seite 141), der internationale Dachverband der

Hundezüchter, unterteilt die anerkannten Hunderassen in elf Rassegruppen. Ebenfalls zu den Jagdhunden gehören die Apportier-, Stöber- und Wasserhunde, die mit ihrem leichtführigen Wesen durchaus Begleithundqualitäten besitzen. Jagdleidenschaft kennzeichnet auch die Windhunde, Dachshunde und Terrier, von denen die meisten jedoch längst nicht mehr zur Jagd im Fuchsbau und zur Treib- oder Drückjagd eingesetzt werden.

Wächter Auf Bauernhöfen und abgelegenen Anwesen kam früher niemand unbemerkt an einem Spitz, Schnauzer oder Pinscher vorbei. Heute sind viele dieser Haus- und Hofhunde arbeitslos. Ein Deutscher Spitz mit Familienanschluss nimmt seine Wächterrolle aber immer noch ernst – lauthals bellend und nicht immer zur Freude seiner Besitzer. Sicherheits- und Wachdienste setzen für den Objekt- und Personenschutz meist Gebrauchshunde wie den Deutschen Schäferhund, Dobermann oder Rottweiler ein, weil diese Rassen von Wesen und Athletik ideale Voraussetzungen für die unterschiedlichsten Aufgaben mitbringen.

Hütehunde Ohne vierbeinige Assistenten hätte ein Schäfer schlechte Karten, wenn er seine Herde von bestellten Äckern fernhalten oder mit ihr von A nach B wandern wollte. Hütehunde wie der Border Collie oder Schäferhund sind intelligent, körperlich fit, immer hellwach und folgsam, Eigenschaften, die auch ihre Karriere als Familien- und Begleithunde begünstigten. Nicht verkennen darf man dabei aber, dass diese Rassen viel Beschäftigung brauchen. Ein gelangweilter Border Collie entwickelt sich im Handumdrehen zum kapitalen Nervtöter.

Rettungshunde Für den Katastrophen- und Rettungseinsatz kommen nur wesensfeste und ausgeglichene Hunde infrage. Sie durchlaufen eine anspruchsvolle Ausbildung, letztlich entscheidet aber ihre feine Nase darüber, ob sie verschüttete Erdbeben- oder Lawinenopfer aufspüren.

Polizei- und Zollhunde Vergleichbare Anforderungen werden an die Hunde im Polizei- und Zolldienst gestellt. Wie bei den Rettungshunden ist auch hier das besondere Vertrauensverhältnis zwischen Hundeführer und Vierbeiner Voraussetzung für die außergewöhnlichen Leistungen. Zollhunde schnüffeln heute vornehmlich nach Drogen und Sprengstoff.

Blindenführhunde Sie sind gleichsam die Augen des blinden Menschen, führen und beschützen ihn und übernehmen viele Alltagsaufgaben, die ein Blinder nicht leisten kann. Es sind überwiegend Labrador Retriever und Deutsche Schäferhunde, die für die lange und teure Ausbildung ausgewählt werden, aber auch andere Rassen geben gute Blindenführhunde ab.

Erdbebenwarner Dass Hunde ähnlich vielen anderen Tieren drohende Naturkatastrophen wie Erdbeben und Klimastürze wahrnehmen können und durch auffällige Verhaltensänderungen anzeigen, ist seit Langem bekannt (→ Seite 27). In den Erdbebenregionen Chinas wertet man solche Tierbeobachtungen im Rahmen des Katastrophenschutzes gezielt aus.

Zughunde Motorisierte Kleintransporter haben den Katis und Bärlis (→ Seite 70) hierzulande längst den Rang abgelaufen, in unwegsamen und schneereichen Regionen der Erde sind Hundegespanne aber nach wie vor eine zuverlässige Alternative zu Motorschlitten und anderen Fortbewegungsmitteln.

SEELENTRÖSTER UND KRANKENPFLEGER

Der Kontakt mit Hunden ist Balsam für gehandicapte und kranke Menschen, aber auch für ältere und vereinsamte. Die positive Ausstrahlung eines geduldigen und aufmerksamen Vierbeiners wird von Therapeuten und Medizinern immer mehr erkannt und im Rahmen von Behandlungen und Rehabilitationsmaßnahmen eingesetzt. Hunde stärken das Lebensgefühl und üben eine heilungsfördernde Wirkung auf uns aus. Senioren und Menschen ohne Antrieb oder Ansprechpartner machen sie Mut, sich anderen zu öffnen, vergessene Kontakte wieder zu knüpfen und sich neue Ziele zu setzen. Ein Hund ist immer präsent, er fordert Nähe und Zuwendung, verpflichtet zur Fürsorge und Versorgung. Selbst kleine Hunde müssen täglich Auslauf haben und sorgen dafür, dass auch hartnäckige Stubenhocker an die frische Luft kommen und sich einem kleinen, aber regelmäßigen Fitnessprogramm unterziehen.

SCHON GEWUSST?

- Ein Hund steigert die Lebensqualität: Hundehalter sind aktiver, ausgeglichener und kommunikativer als andere Menschen. Und leben länger. Laut einer amerikanischen Studie steigt ihre Lebenserwartung um 10 bis 15 Prozent.

- Stadthunde sind nicht unglücklicher als ihre auf dem Land lebenden Artgenossen. Entscheidend ist die Beziehung zum Menschen: Gemeinsame Aktivitäten und neue Bekanntschaften sorgen für ein erfülltes Hundeleben.

- Der Hausgarten gehört zum Revier des Hundes. Hier kennt er jede Ecke und jeden Busch. Alles riecht wie immer. Das ist nicht aufregend und daher auch kein Ersatz fürs Gassigehen, wo es ständig Neues zu entdecken gibt.

ICH LIEBE SIE ALLE Obwohl es gedauert hat, bis ich mit meiner neuen Familie klarkam. Am Anfang war es schrecklich: keine Mutter mehr, die mich beschützt, keine Geschwister, mit denen man kuscheln kann. Da bin ich erst einmal in den Widerstand gegangen. Ein Dickkopf bin ich immer noch, aber weg von meiner Familie? Nie und nimmer!

Ein Dackel lässt sich nicht gängeln
Die fremde Umgebung und die fremden Gerüche machten mir Angst. Und alle im Haus waren laut und hektisch, jeder tätschelte mir ständig den Kopf oder nahm mich auf den Arm. Es gab keinen, den ich kannte und dem ich vertrauen konnte. Ich war allein, mutterseelenallein. Aber andererseits ... ein Dackel lässt sich nicht unterkriegen. Selbst wenn er erst zwölf Wochen alt ist. Ich habe diesen Leuten gezeigt, dass ich einen eigenen Kopf habe und kein Schoßhündchen bin, das man nach Belieben herumschubst. Mit den spitzen Welpenzähnen kann man alles herrlich anknabbern. Und warum soll ich für jedes Geschäft nach draußen, wenn es dort kalt ist oder nass? Es waren ziemlich schwere und nicht allzu glückliche Tage – für meine neue Familie, aber auch für mich.

PUMUCKL

Pumuckl ist ein Langhaardackel. Mit seinen zehn Monaten weiß er, was er darf und was nicht. Das war nicht immer so. Auch heute braucht es oft noch Geduld und Konsequenz, um ihm die Flausen auszutreiben.

Wir haben uns zusammengerauft
Es passierte nicht von heute auf morgen, sondern eher klammheimlich, sodass ich es zuerst gar nicht mitbekam. Jedenfalls ertappte ich mich irgendwann dabei, wie ich nicht mehr wegen des Futters rumzickte, sondern brav meine Portion vertilgte, und wie ich bereits vor der Zeit zum Gassigehen an der Tür stand. Vielleicht spielten am Anfang die Leckerbissen eine Rolle, die

ich für »gute Führung« erhielt, schon bald aber waren mir Streicheleinheiten und Lob wichtiger. Wenn ich jetzt sehe, wie Herrchen sich über meinen guten Willen freut, ist das die schönste Belohnung für mich. Natürlich reitet mich auch heute ab und zu noch der Teufel, schließlich bin ich ein Dackel.

Meine Familie und ich Wir wollen niemals auseinandergehen: Ich kann zwar nicht singen, aber diese Liedzeile trifft bei mir genau den richtigen Nerv. Ein Leben ohne meine Familie kann ich mir überhaupt nicht mehr vorstellen. Ich brauche sie alle, auch wenn die Kids manchmal laut und hektisch sind und Oma mich immer wieder vom Sofa scheucht. Es gibt nichts Schöneres als die Sonntage, wo sich alle zum gemeinsamen Mittagessen versammeln. Und ich natürlich mittendrin.

Schlummerrolle: Wer wie diese acht und 16 Wochen alten Welpen den lieben langen Tag durch die Wohnung tobt, braucht viel Schlaf, um wieder Kraft zu tanken.

LEBENSRETTER MIT DEM 7. SINN

Hunde reagieren nicht nur feinfühlig auf bevorstehende Naturkatastrophen und Klimaveränderungen, sie haben offensichtlich auch einen siebten Sinn für unser Wohlbefinden. Menschen, die an Epilepsie leiden oder zuckerkrank sind, berichten immer wieder, wie ihr Hund urplötzlich und scheinbar ohne Grund unruhig wird, winselt und bellt und manchmal sogar Hilfe holt. Fast immer haben die Betroffenen kurze Zeit danach einen Anfall, der sich für sie selbst vorher aber nicht ankündigt. Nur ihr Hund spürt, dass mit seinem Halter etwas nicht stimmt.

Hunde identifizieren uns vor allem an unserem individuellen Geruch. Bei Krankheit oder einem drohenden Anfall verändert sich anscheinend das Duftprofil, und die sensible Hundenase ist offensichtlich in der Lage, selbst sehr kleine Abweichungen wahrzunehmen – lange bevor sich erste Symptome der Krankheit oder des Anfalls zeigen. Ähnliches gilt auch bei Krebserkrankungen, wo der gestörte Zellstoffwechsel möglicherweise flüchtige organische Verbindungen freisetzt, die beim gesunden Menschen nicht auftreten. Hunde, die darauf trainiert wurden, Urinproben von Krebspatienten zu identifizieren, reagierten positiv auf Personen, bei denen anfänglich kein Krankheitsverdacht bestand. Die nachfolgenden Untersuchungen bestätigten dann in allen Fällen, dass sie jedoch tatsächlich an einem Tumor erkrankt waren.

SO MACHEN SIE IHREN HUND GLÜCKLICH

Ein Hund verkümmert ohne Nähe von Artgenossen oder Menschen. Ob er sich im Rudel oder in der Beziehung zum Menschen glücklicher fühlt, können wir nicht beurteilen. Ebenso wenig, ob die oft beschworene »Treue bis zum letzten Atemzug« der Stoff ist, der ihn nicht von unserer Seite weichen lässt, oder ob nicht vielleicht eher schnöder Opportunismus eine Rolle spielt, wie man ihn der Katze gerne unterschiebt, die das einfordert, was sie braucht.

Die ersten Tage und Wochen in der Familie
prägen das Leben eines Hundes
und stellen die Weichen für eine glückliche Zukunft.

Leckeres Futter zu jeder Tageszeit, ein schützendes Dach über dem Kopf, Auslauf im Grünen, viel Spiel und Sport, Zuspruch und Schmuseeinheiten für Herz und Seele – das wären zumindest genügend Anreize für den Hund, sein Mäntelchen in den Wind zu hängen. Fakt ist: Der Hund ist ein Gesellschaftstier. Fakt ist auch, dass man eine Menge tun kann, um ihm die Gesellschaft mit dem Menschen so angenehm wie möglich zu machen.

Von klein auf zur Familie Mit acht bis zwölf Wochen kommt der Welpe ins Haus. Körperlich noch ein Winzling, hat er aber von seiner Mutter die wichtigsten Verhaltensweisen mit auf den Weg bekommen, kennt die Hundesprache und frisst auch schon mehr oder weniger manierlich aus dem Futternapf. Die Scheu der ersten Tage ist schnell überwunden. Dann muss man die halbe Portion in ihrer Neugier und ihrem Entdeckerdrang eher bremsen, damit sie nicht zu Schaden kommt oder für heilloses Durcheinander sorgt. Die ersten Wochen sind für beide Seiten kein Honiglecken. Ein Welpe wirft den gewohnten Tagesablauf in null Komma nichts über den Haufen. Irgendjemand muss immer in seiner Nähe sein, anfangs auch nachts. Dem süßen Fratz generelle Narrenfreiheit zuzugestehen ist ein gefährliches Unterfangen. Jetzt bekommt man seine Untugenden noch spielerisch in den Griff (→ Seite 82), später muss man sich mit einem widerborstigen Tunichtgut herumschlagen, der einem den letzten Nerv raubt.

Mittendrin Rudelzugehörigkeit ist kein theoretischer Begriff. Ein Hund beansprucht Zuwendung und Verlässlichkeit, einen geregelten und überschaubaren Tagesablauf, er darf nicht ausgegrenzt oder gar abgeschoben werden. Damit er nicht ständig am Rockzipfel hängt, lernt er von Kindesbeinen an, für begrenzte Zeit allein zu bleiben.

Für Körper und Köpfchen Hunde brauchen Bewegung. Selbst Schoßhunde haben Anspruch auf Auslauf. Wer läuft, spielt und Sport treibt (→ Kapitel 10), bleibt körperlich in Form, hält sich im Kopf fit und trainiert sein Reaktionsvermögen. Und kommt nicht vor lauter Langeweile auf dumme Gedanken.

Schlafstörung Fehlanzeige: Hundewelpen können von jetzt auf gleich in den Tiefschlaf fallen.

DER ULTIMATIVE BADE- UND SPIELSPASS

wenn sich der Badespaß mit ihrer angeborenen Leidenschaft fürs Apportieren (engl. retrieve) verknüpfen lässt. Den ganzen Tag würden die beiden Wasserratten dem schwimmfähigen Dummy hinterherspringen. Natürlich will jeder die Beute vor dem Konkurrenten erwischen, um sie stolz ans Ufer zurückzubringen. Zu schade nur, dass die Kinder nicht so viel Ausdauer beim gemeinsamen Spiel haben wie ihre Hunde.

Voller Einsatz für die Kids Für die Kinder der Familie würden die beiden Retriever durchs Feuer gehen. Lieber aber ins Wasser, denn dem Sprung ins kühle Nass können Golden und Labrador Retriever nicht widerstehen. Und keine Grenzen kennt die Begeisterung der Hunde,

Spielen festigt die Freundschaft Golden und Labrador Retriever sind ausgeglichene, immer freundliche und sehr auf den Menschen bezogene Hunde. Unter den besten Kinderhunden (→ Seite 80) stehen sie ganz oben und sind die perfekten Gefährten für eine glückliche Jugendzeit. In der ständigen Beschäftigung und im Spiel mit

den Hunden lernen Kinder die Verhaltensweisen und Reaktionen der Vierbeiner unmittelbar kennen. Sie entwickeln so schnell ein Gespür für die Ansprüche ihrer Spielkameraden und übernehmen freiwillig kleine Betreuungsaufgaben wie Fütterung und Fellpflege.

KINDER BRAUCHEN HUNDE

Der Beweis muss nicht mehr geführt werden: Kinder, die mit Tieren aufwachsen, sind selbstsicherer, aufmerksamer, aufgeschlossener und toleranter als ihre Altersgenossen ohne tierische Jugendfreunde, sie entwickeln sehr schnell ein Gespür für die Ansprüche ihrer Schutzbefohlenen, lernen ihre Lebensweise und Gewohnheiten zu respektieren und übernehmen schon früh Verantwortung. Eigenschaften, die sie auch später nicht verlieren: Wer die Jugendzeit mit Hund, Katze und Co. verbracht hat, nimmt als Erwachsener stärker Anteil am Leben anderer und setzt sich häufiger und nachhaltiger für soziale Belange ein. Viele Erinnerungen aus Kindertagen verblassen im Laufe der Jahre, die Bilder der Freundschaft mit dem besten Kumpel und engsten Vertrauten aber nie.

Vertraute Nähe: Die besten Kumpel der Welt halten natürlich auch eng aneinandergekuschelt ihr Nachmittags-Nickerchen.

Durch dick und dünn Kinder und Hunde: eine ganz besondere Beziehung. Viel aufregender, inniger, lebendiger und verlässlicher als die mit anderen Heimtieren. Wo Katzen ihrer eigenen Wege gehen, Zwergkaninchen scheu bleiben und Hamster mürrisch reagieren, sind Hunde immer da. Als unermüdliche Spielkameraden, geduldige Zuhörer, liebevolle Trostspender und beherzte Begleiter auf abenteuerlichen Wegen. Hunde geben Kindern Selbstvertrauen und Stärke, sie wahren Geheimnisse, die nicht für Elternohren bestimmt sind, und machen Mut, wenn für die Sorgen und Sehnsüchte eines Kindes in der rationalen Welt der Erwachsenen kein Platz ist. Und sie nehmen Kinder in die Pflicht, behutsam zwar, aber doch nachdrücklich. Der Fürsorge und Verantwortung für seinen vierbeinigen Freund kann sich kein Kind entziehen.

Die besten Hunde für Kinder Ein kinderfreundlicher Hund ist umgänglich und aktiv, er besitzt ein ausgeglichenes und tolerantes Wesen, er ist kommunikativ, intelligent und so selbstsicher, dass er auch die manchmal derben Spiele und unbeholfenen Reaktionen der Kinder nicht sofort übel nimmt. Gleichzeitig zeigt er ihnen aber auch unmissverständlich die Grenzen auf und macht klar, dass er ihr Spielgefährte, aber kein Spielzeug ist.

Die unmissverständliche Spielaufforderung nach Hundeart beherrscht dieser drei Monate alte Mischling schon aus dem Effeff.

Größere Hunde verhalten sich Kindern gegenüber häufig umgänglicher und nachsichtiger als die manchmal eigenwilligen Minis. Diese zehn Rassen sind echte Kinderfreunde:

- Beagle: Frohnatur und Muntermacher und ein Aktivbolzen, der für jedes wilde Spiel zu haben ist.
- Bearded Collie: der Kumpel für alle Lebenslagen.
- Berner Sennenhund: geduldiger und gutmütiger Begleiter und ein absolut zuverlässiger Beschützer.
- Bobtail: unerschrocken und verspielt und bei jedem Unfug ganz vorne mit dabei. Spielt gerne auch mal den Clown.
- Boxer: Spitzensportler, der Action braucht, wobei es auch ein bisschen ruppig zugehen kann. Für ältere Kinder.
- Eurasier: Das Wohl der Kids geht ihm über alles.
- Golden Retriever: immer freundlich und gut drauf. Kinder genießen bei ihm alle Freiheiten der Welt (→ Seite 78/79).
- Neufundländer: Seele von Hund und geduldig ohne Ende.
- Pudel: quicklebendig und sportlich absolut top. Lernt schnell und ist ein gewitzter Spielpartner.
- West Highland Terrier: liebenswerter Draufgänger im Kleinformat, der sich nicht die Butter vom Brot nehmen lässt.

Ein Hund spendet Nähe und Wärme und kann kranken, behinderten und älteren Menschen Mut machen. Seine Gegenwart lenkt vom eintönig grauen Alltag ab.

GANZ OHNE ERZIEHUNG GEHT ES NICHT

Der Welpe absolviert die Vorschule in der Wurfkiste: Die Mutter bringt ihm Benimm bei, und im oft rauen Spiel mit den Wurfgeschwistern lernt er, dass die Freiheit Grenzen hat und spätestens dort endet, wo es anderen wehtut. Und dann sind Mama und Geschwister urplötzlich fort, und alles ist fremd, die Umgebung, die Menschen, die Gerüche und Stimmen. Kein einfacher Start für einen kleinen Kerl auf tapsigen Pfoten, dem die Angst in den Knochen sitzt.

Viele Hundehalter haben ein Herz für das arme Würmchen und gönnen ihm Schonzeit. Er darf fast alles und fast alles ungestraft. Er ist ja noch so klein, und mit dem Erziehen kann man anfangen, wenn er größer und verständiger ist. Eine Meinung, die auch von Hundekennern geteilt wurde. Heute weiß man, dass sich Sünden der Jugendzeit später nur schwer reparieren lassen, manchmal gar nicht mehr. Die Erziehung des Welpen beginnt mit dem Tag seiner Ankunft in der neuen Familie.

Grunderziehung Wie das so ist mit Erstklässlern: Allzu lange kann sich keiner auf das konzentrieren, was der Lehrer von einem will. Schließlich gibt es ja tausend andere geheimnisvolle und aufregende Dinge. Und irgendwann wird man auch ganz fürchterlich müde. Junge Hunde lernen am leichtesten im Spiel. Die Spielzeit ist begrenzt, fünf Minuten sind oft schon genug. Lieber mehrere kleine Übungen über den Tag verteilen, als den Schüler mit Dauerunterricht zu überfordern. Jede Übung wiederholen, bis sie sitzt. Dabei ist viel Geduld gefragt, selbst wenn es beim 12. Versuch noch nicht klappt. Scharfe Worte bringen nichts, und Strafe ist tabu. Übungserfolge werden ausgiebig gefeiert, nach jeder Übung gibt es eine kleine Pause, und am Ende werden die Spielsachen weggeräumt.

Welpenspieltage Viele Hundeschulen und Rassehundeklubs, aber auch private Initiativen bieten Spiel- oder Prägungstage für Welpen an. Junge Hunde zwischen der 9. und 20. Lebenswoche sollen im gemeinsamen Spiel das kleine Einmaleins des soziales Miteinanders lernen. Unumstritten sind diese Kindergarten-Sessions nicht. Kritiker monieren, dass die Erziehung zu kurz kommt, weil die Rabauken im wilden Spiel über die Stränge schlagen können, ohne von einem erwachsenen Tier in die Schranken gewiesen zu werden.

Hundeschule Als Standardkurs haben fast alle Hundeschulen die Grunderziehung von Hunden ab dem 6. Lebensmonat im Programm. Darüber hinaus gibt es ein breites Kursangebot, von Wochenendseminaren zum Verkehrssicherheitstraining,

Keine Zaubertricks und keine Patentrezepte.
Einfühlungsvermögen und Geduld
sind die Basis einer erfolgreichen Hundeerziehung.

diversen Aufbaukursen, Vorbereitungskursen für sportliche Hunde bis zur Therapie von Problemhunden. Da sich die Lehrmethoden und Ausbildungsgänge oft erheblich unterscheiden, ist ein Beratungsgespräch oder Schnupperkurs unerlässlich. Anschriften von Hundeschulen erhalten Sie vom Berufsverband der Hundeerzieher/innen und Verhaltensberater/innen (BHV → Adressen, Seite 141).

NACHGEFRAGT

Sind Hunde die besseren Therapeuten?

Christiane Vidacovich ist Vorsitzende des Münchner Vereins »Die Streichelbande« (→ Adressen, Seite 141), dessen Vereinsmitglieder mit ihren Hunden Senioren, Kinder, kranke und behinderte Menschen besuchen und betreuen.

Was ist die Hauptaufgabe Ihres Vereins?
Es ist schon lange erwiesen, dass der Kontakt mit Tieren das körperliche und seelische Wohlbefinden stärkt und die Lebensqualität steigert. Das gilt für Kinder, für kranke und behinderte Menschen, ganz besonders aber auch für Senioren, die häufig vereinsamt und isoliert sind. Der ehrenamtliche Besuchsdienst unseres Vereins geht mit seinen Hunden in Seniorenheime, Behinderteneinrichtungen, Tagesstätten und Kindergärten. Darüber hinaus besuchen wir regelmäßig auch einzelne Personen in ihrem häuslichen Umfeld.

Sind Hunde die besseren Therapeuten?
Mit einem Hund kann man reden und spielen, er ist geduldig und verständnisvoll, er weckt mit seiner Präsenz und Lebendigkeit neue Lebensgeister, spendet Nähe und Wärme und lenkt vom nicht selten tristen Alltag ab. Wie sehr die psychosoziale Situation alter und behinderter Menschen durch die direkte Begegnung mit Hunden verbessert werden kann, erleben unsere Mitarbeiter auf ihren Besuchsfahrten tagtäglich. Wenn die zittrigen Hände eines alten Menschen den Hund streicheln, ist das viel mehr Lohn für unser Engagement, als man es sich vorstellen kann.

Ist die »Streichelbande« nur in München aktiv?
Unseren gemeinnützigen Verein gibt es seit 2005. Aus den 13 Gründungsmitgliedern sind inzwischen fast hundert geworden. Wir besuchen heute über 35 Einrichtungen, nicht nur in München, sondern im gesamten Umland bis nach Herrsching und Bad Tölz. Nach wie vor suchen wir weitere Tierfreunde, die sich für unsere Idee begeistern und bei uns mitmachen.

CLICKER-TRAINING

Der Clicker erzeugt ein Geräusch, das dem eines Knackfroschs ähnelt. Als Trainingsmethode zur Konditionierung wird er schon seit Langem bei Pferden und Delfinen eingesetzt und in den letzten Jahren immer häufiger auch bei Hunden. Das erwünschte Verhalten des Schülers wird durch den Click bestätigt und positiv verstärkt. Fast alle Hunde lernen schnell, was es mit dem Click auf sich hat. Das Clicker-Training eignet sich nicht nur für Gehorsamsübungen, sondern auch für komplexe Aufgaben bis hin zu kleinen Kunststücken und Tricks wie dem Dog Dancing. Vorteile: Im Gegensatz zur Stimme hört sich der Click immer gleich an, sodass der Hund diese Form der Bestätigung nicht falsch interpretieren oder gar missverstehen kann. Darüber hinaus verläuft das Training völlig stressfrei. Einziger kleiner Nachteil: Die Intensität des Lobs kann nicht variiert werden.

WENN MEIN HUND NICHT SO WILL WIE ICH

Erziehungs- und Haltungsfehler sind die häufigsten Ursachen für Verhaltensprobleme des Hundes. Als besonders gravierend erweisen sich dabei Nachlässigkeiten in der Sozialisation und Grunderziehung des jungen Hundes.

Schlechte Angewohnheiten schleichen sich meist unmerklich ein und werden vom Halter nicht selten viel zu lange toleriert, weil er sie nicht ernst nimmt oder immer wieder entschuldigt. Je länger ein Fehlverhalten besteht, desto schwieriger gestaltet sich die Therapie.

Ungehorsam Der Hund missachtet Befehle oder setzt eigene Forderungen mit drohendem Knurren oder Bissen durch. Hier stimmt die Rangordnung nicht: Der Hund erkennt den Menschen nicht als Rudelchef an. Speziell Rüden versuchen, eine Führungsposition zu übernehmen. Dominante Rassen sind u. a. Rottweiler, Chow-Chow, Akita Inu und Dobermann. Seine Position als Rudelführer sollte der Halter auch bei vermeintlichen Nebensächlichkeiten demonstrieren und zum Beispiel immer vor seinem Hund durch die Tür gehen.

Kläffen Der Hund bellt beim geringsten Anlass, oft auch ohne erkennbaren Grund. Häufig wird das Lautgeben in der Grunderziehung gefördert und verselbstständigt sich im Laufe der Zeit. Gut sozialisierte Hunde bellen weniger als isoliert aufgewachsene. Besonders zum Kläffen neigen Spitze und Terrier. Beschäftigung dämpft die Bellfreude: Spielzeug, Bewachungsaufträge und Kauknochen stellen allein gelassene Vierbeiner ruhig. Lassen Sie den bellenden Hund Platz machen. Im Liegen fühlt er sich unsicherer und ist meist still. Wer den Mund hält, wird gelobt.

Angst Ohne seinen Besitzer macht ein ängstlicher Hund keinen Schritt. Ängste sitzen tief und reichen oft bis ins Welpenalter zurück. Fehlender Kontakt zu Menschen und Artgenossen, traumatische Erlebnisse wie Unfall, körperliche Züchtigung, Beißereien mit anderen Hunden, aber auch übermäßiges Verhätscheln sind häufige Ursachen. Die Therapie muss verlorenes Vertrauen wiederherstellen. Das ist langwierig und verlangt oft professionelle Hilfe.

Unsauberkeit Vergisst sich ein bisher stubenreiner Hund im Haus, ist das meist ein Protestverhalten. Eifersucht, Stress, ständiges Alleinsein, Futterumstellung und vieles mehr können die Auslöser sein. Abhilfe bringt nur die Veränderung der Situation. Anhaltende Unsauberkeit kann auch organische Ursachen haben.

Streunen Er büxt bei jeder Gelegenheit aus und bleibt oft Stunden weg. Vernachlässigung, Langeweile oder ein dominanter Artgenosse im Haus sind häufige Gründe fürs Streunen. Zuwendung und Beschäftigung machen das Leben zu Hause wieder attraktiver.

Wer will jetzt lesen! Mit Blickkontakt und Pfotenauflegen bettelt der Vierbeiner um Aufmerksamkeit und Zuwendung. ▶

ALLES GESCHMACKSACHE

Die Ernährung ihres Vierbeiners ist für

manche Halter fast eine Glaubensfrage. Doch die

Nahrungsansprüche des Hundes lassen sich sehr genau

definieren. Richtiges Füttern ist die Basis für Gesundheit und Fitness.

SATT WERDEN IST NICHT DIE FRAGE Was fürs wohlgenährte und sorgenfreie Millionenheer unserer vierbeinigen Hausfreunde gilt, sieht bei der wilden Hundeverwandtschaft völlig anders aus. Vom Beutemachen und der erfolgreichen Suche nach Fressbarem hängt das Überleben der ganzen Gruppe ab. Wölfe sind gewiefte und ausdauernde Jäger,

doch auch sie müssen immer wieder längere Hungerphasen überstehen, vor allem in schneereichen Wintern oder wenn ein großes Rudel nicht ausreichend versorgt werden kann. Die Haushundefraktion kämpft mit anderen Problemen. Wie etwa der übermäßigen Fütterung: Fast 30 Prozent haben deutlich zu viel Speck auf den Rippen. Andere kaprizieren sich auf eine bestimmte Futtersorte und verweigern hartnäckig jedes Alternativangebot. Und nicht wenige proben regelmäßig den Aufstand am Fressnapf und lassen sich mit feinsten Gourmethäppchen und Handfütterung verwöhnen.

NEIN, MEINE SUPPE ESS ICH NICHT!

Vera ist eine ausgemachte Zicke. Ein bisschen kapriziös darf man als achtjährige Hundedame natürlich sein, aber Vera von Donnersberg, reinrassige Kromfohrländer-Hündin, übertreibt manchmal schon. Vor allem seitdem Blondie im Haus ist.

Blondie ist ein Wonneproppen von einem West Highland White Terrier und gerade mal zwölf Monate alt. Und ganz nach Westie-Art selbstbewusst, quirlig und unerschrocken. Auch im Umgang mit Vera. Die ältere Dame ist davon überhaupt nicht angetan. Noch weniger allerdings vom Rummel, den die Familie um den jungen Tunichtgut macht. Blondie hier und Blondie da. Vera fühlt sich in die zweite Reihe abgeschoben und erstickt fast an ihrer Eifersucht. Aber sie rächt sich. Sobald Blondie außer Sichtweite ist, macht sie sich über ihre Futterschüssel her. Das eigene Futter würdigt sie keines Blickes. Für die Familie eine harte Prüfung. Die beiden Hunde werden getrennt und zu unterschiedlichen Zeiten gefüttert, um den Mundraub zu stoppen. Das klappt zwar, kann aber Veras Trotzhaltung nicht mildern. Erst als sich alle wieder intensiver um die Kromfohrländer-Hündin bemühen, sie mit schmackhaften Schmankerln verwöhnen und viel Zeit für Streicheleinheiten und Spiele investieren, entspannt sich die

Der Knochen bleibt in der Familie: Sealyham Terrierhündin mit ihrem neun Wochen alten Nachwuchs.

Lage zusehends. Mit Blondie wird nur noch geschmust, wenn Vera nicht dabei ist. Der freche Westie hat damit null Probleme, er holt sich die Zuwendung, wann immer ihm danach ist. Irgendwann entdeckt Vera dann auch ihr Herz für den kleinen Kobold, denn süß ist der ja doch. Der Krieg am Futternapf ist endgültig beigelegt. Herrlichen Hundezeiten steht nichts mehr im Weg.

ZUM FRESSEN GERN

Im Wolfsrudel spielt die ausreichende Versorgung mit Futter eine zentrale Rolle. Wölfe nehmen neben Fleisch auch pflanzliche Kost auf, kranke Tiere suchen gezielt nach heilenden und lindernden Kräutern. Welpen werden mit hervorgewürgter Nahrung gefüttert, und auch um die Versorgung trächtiger Weibchen und zum Teil auch kranker

Gruppenmitglieder kümmert sich das Rudel. Beim Fressen kommen die ranghohen Gruppenmitglieder stets zuerst. Hunde haben viele Fressgewohnheiten ihrer Vorfahren beibehalten:

Schlingen Unter Wölfen ist beim Fressen Eile geboten, um Mundräubern aus der eigenen Sippschaft keine Gelegenheit zu bieten. Speziell bei den größeren Hunden ist dieses Erbe noch wach,

89

Das sieht verdächtig nach Mundraub aus: Vor einer Hungerzeit muss sich dieser Australian Shepherd auf jeden Fall nicht fürchten.

versuchen, ihre imaginären Knochen im Wohnzimmer zu verbuddeln. Dabei »wühlen« sie mit den Pfoten genauso hingebungsvoll auf dem Parkett, als wäre es lockeres Erdreich.

Hervorwürgen Wer sein Fleisch im Schnellgang frisst, stellt nicht selten erst zu spät fest, dass es unverdaulich oder ungenießbar ist. Es muss dann wieder hervorgewürgt werden – sehr zum Leidwesen des Besitzers manchmal auch auf dem Teppich. Weniger gewollt ist das Erbrechen nach dem Fressen von Schnee, für den die meisten Hunde offenbar ein besonderes Faible entwickeln, für das sie aber oft genug mit heftiger Magenverstimmung zahlen müssen.

SO ERNÄHREN SIE IHREN HUND RICHTIG

Grundernährung Hundefutter setzt sich aus den Nahrungsbausteinen Protein (Eiweiß), Kohlenhydraten und Fett zusammen. Proteine liegen in tierischer wie pflanzlicher Kost vor. Hochwertiges Eiweiß liefern Fleisch, Fisch, Käse und Quark. Kohlenhydrate müssen zuerst erhitzt werden, damit der Hundemagen sie verdauen kann. Geeignet sind Reis, Haferflocken und Gemüse. Vor allem Fleisch, aber auch pflanzliches Öl versorgt den Hund mit Fett. Fett ist ein

gerade in Gegenwart von Artgenossen. Selbst große Nahrungsbrocken werden häufig fast unzerkaut hinuntergewürgt. Kleinere Hunde lassen sich in der Regel mehr Zeit am Fressnapf. Sie sind generell in Nahrungsfragen anspruchsvoller und bei der Futterwahl kritischer.

Verbuddeln Kein Hund muss sich um sein leibliches Wohl sorgen und Futtervorräte (→ »Schon gewusst?«, Seite 93) für schlechte Zeiten horten. Doch das ererbte Verhaltensmuster sitzt tief. So tief, dass viele Vierbeiner mangels passender Gelegenheiten immer wieder

Energielieferant, sein Anteil im Hundefutter sollte zwischen 10 und 25 Prozent liegen, bei weniger als fünf Prozent kommt es zu Mangelerscheinungen.

Vitamine und Mineralstoffe Obwohl Vitamine und viele Mineralstoffe nur in kleinsten Spuren vorkommen, sind sie für den Stoffwechsel und die Gesundheit lebensnotwendig. Größere Mineralstoffmengen benötigt der Körper des Hundes von Natrium und Kalium (Flüssigkeitshaushalt), Kalzium (Knochen, Muskeln, Nerven) und Phosphor (Skelett).

Trinkwasser Wasser muss immer zur Verfügung stehen. Der Trinknapf wird täglich mit frischem, nicht zu kaltem Wasser gefüllt. Bei Trockenfutter als Hauptnahrung trinkt der Hund mehr als bei Feuchtfutter.

Eine ausgewogene Fütterung ist der beste Weg, um Ihren Vierbeiner fit zu halten, und schützt vor Mangelerscheinungen und Krankheit.

Fertigfutter Fertignahrung enthält alle Nähr- und Zusatzstoffe in einem ausgewogenen Verhältnis. Feuchtfutter besteht aus Fleisch, pflanzlichem Eiweiß (Getreide), Mineralstoffen und Vitaminen. Feuchtigkeitsgehalt ca. 80 Prozent. Ähnlich sind die Bestandteile von Halbfeucht- und Trockennahrung, mit 20 bzw. 10 Prozent liegt ihr Feuchtigkeitsanteil aber niedriger. Alle drei Futtersorten eignen sich als Alleinnahrung.

NACHGEFRAGT

Sind Leckerbissen erlaubt?

 Horst Hegewald-Kawich arbeitete viele Jahre als Hundeführer im Polizeidienst, er bildete Sporthunde aus und war Prüfer für Blindenführhunde. Heute berät er Halter von Problemhunden.

Was wird beim Füttern häufig falsch gemacht?
Viele Hunde leiden an Übergewicht, weil sie zu wenig bewegt und beschäftigt werden. Oft steht Trockenfutter den ganzen Tag über zur freien Verfügung, und sie bekommen zwischendurch Leckerbissen, ohne etwas dafür zu tun. Die Folge sind die gleichen Wohlstandserkrankungen, unter denen auch wir leiden.

Was ist bei selbst zubereitetem Futter wichtig?
Darunter verstehe ich artgerechtes, naturbelassenes, nicht konserviertes Hundefutter, wie es die Natur für die Hunde vorgesehen hat. Unter dem Begriff B.A.R.F. kann man sich dazu im Internet und mit zahlreicher Literatur das nötige Wissen aneignen, um seinen Hund gesund und ausgewogen zu ernähren.

Wie oft sind Leckerbissen erlaubt?
Um auch hier mit Kalorien zu sparen, sollte man minimal dosierte Leckerbissen nur während der Erziehung und Ausbildung und zur Motivation und positiven Verstärkung höchstens für besondere Leistungen geben, z. B. kleinste Käse- oder Fleischbröckchen. Getrocknete Rinderhaut oder Ochsenziemer als Spaß am Kauen müssen von der täglichen Futtermenge abgezogen werden.

Warum fressen Hunde Kot?
Auch Wölfe fressen Kot anderer Tiere, wenn er verwertbare Inhaltsstoffe enthält. Ähnlich ist es bei Hunden. Als Aasfresser nehmen sie aus Aashunger Kot auf, wenn sie ständig mit konservierter Nahrung gefüttert werden. Hunde, die natürlich ernährt werden, z. B. nach der B.A.R.F.-Methode, nehmen genügend alkalische Stoffe auf, die den Aashunger verhindern.

Vollwertkost aus Mamas Milchbar: Die Muttermilch enthält alles, was Hundewelpen zur gesunden Entwicklung brauchen.

DIE WICHTIGSTEN FÜTTERUNGSREGELN

- Der Hund gewöhnt sich schnell an feste Fütterungszeiten. Sie sollten möglichst immer eingehalten werden.
- Erwachsene Tiere füttert man ein- oder zweimal täglich, bei Welpen wird die Tagesration anfangs auf 5–6, später auf 3–4 und schließlich auf 2–3 Mahlzeiten aufgeteilt.
- Trinkwasser gibt es täglich frisch.

- Bei mehreren Hunden hat jeder seinen eigenen Futternapf.
- Beim Fressen sollte der Hund nicht gestört werden.
- Da kaltes Futter zum Erbrechen führen kann, muss man die Portionen rechtzeitig aus dem Kühlschrank nehmen.
- Alle Mahlzeiten gibt es ausschließlich im Futternapf; Handfütterung nur in Ausnahmefällen, zum Beispiel bei Krankheit.
- Leckerbissen gibt es nur für besondere Leistungen.

Praxishilfe für künftige Selbstversorger: Die Mutter demonstriert ihrem Jüngsten, wie man Futterbrocken die Zähne zeigt.

Bisstest: Beim spielerischen Kauen auf harten Gegenständen wird die Kiefermuskulatur des Welpen gekräftigt.

- Jeder Hund muss es ohne Murren gestatten, dass ihm sein Halter die Futterschüssel wegnimmt.
- Nach ca. zehn Minuten ist die Fütterung beendet, der Napf wird entfernt. Das sorgt für gute »Tischmanieren« und verhindert, dass der Hund mit dem Essen spielt.
- Futterreste sofort entfernen. Futternapf mit heißem Wasser ausspülen (ohne Spülmittel).
- Offene Futterdosen mit Plastikdeckeln (im Fachhandel) verschließen und im Kühlschrank frisch halten.
- Die Fütterungsempfehlungen auf der Fertigfutterdose sollten nicht überschritten werden. Das gilt auch für Hunde, die sportlich aktiv sind.
- Ein höhenverstellbares Gestell für Futter- und Wassernapf eignet sich auch für Welpen und wächst mit dem Hund mit.

SCHON GEWUSST?

- Der Hund hat scharfe Schneidezähne, lange Fangzähne, kräftige Reißzähne und weitere Backenzähne mit Schneiderand. Mit dem Scherengebiss kann er große und zähe Fleischstücke abbeißen und zerschneiden. Die abgeflachten hinteren Backenzähnen zermahlen pflanzliche Kost.

- Das Gebiss des erwachsenen Hundes hat 42 Zähne, 20 im Oberkiefer, 22 im Unterkiefer. Beim Welpen sind es 28.

- Verbuddelte Fleischstücke verderben nicht. Selbst wenn sie lange in der Erde liegen und angegammelt aussehen, kann der Hund sie noch gefahrlos fressen. Für Futter, das im Kühlschrank überlagert wurde, gilt das hingegen nicht. Es verursacht ernste Magen-Darm-Probleme.

DIE MACHT DER TRIEBE

Die Liebe macht den Rüden Beine und läufige Hündinnen zu quengelnden Haustyrannen.

Vom Hundehalter verlangt die heiße Zeit viel Geduld und Aufmerksamkeit, um unerwünschte Folgen zu vermeiden.

IN DEN ZEITEN DER LIEBE büxen ansonsten brave und häusliche Rüden bei jeder Gelegenheit aus. Sanfte und liebenswerte Hundedamen entpuppen sich als lärmende und aufdringliche Zicken. Wenn die Hormone verrücktspielen, brechen für Hunde aufregende Zeiten an. Nicht nur für sie: In der heißen Phase rauben die liebestollen Vierbeiner auch

dem Menschen den letzten Nerv und sorgen dafür, dass er ständig auf der Hut sein muss und von ungestörter Nachtruhe keine Rede sein kann. Scheinbar endlos lange Tage gehen ins Land, bis sich die Liebeswogen schließlich wieder glätten und alles so friedlich ist wie zuvor.

WO DIE LIEBE HINFÄLLT

Dalmatinerhündin Shiva ist eine Schönheit und der ganze Stolz der Familie. Mit ihren zwei Jahren ist Shiva gerade im richtigen Alter, um Kinder in die Welt zu setzen. Ihre Besitzer träumen von einer eigenen Zucht und haben auch schon den perfekten Freier für Shiva in petto. Doch dann geschieht das, womit niemand gerechnet hat: Die läufige Hündin wird von einem fremden Rüden gedeckt. Wann und wo es passierte, lässt sich im Nachhinein nicht mehr ermitteln. Beim täglichen Gassigehen kommt Shiva während der Hitze grundsätzlich an

die Leine und ist unter Kontrolle. Bleibt nur der Garten. Der ist zwar umzäunt, aber verliebte Männer finden ja immer den Weg zur Dame ihres Herzens. Als das Malheur entdeckt wird, ist die Dalmatinerhündin schon in der 4. Trächtigkeitswoche. Der Traum vom ausstellungsreifen Rassenachwuchs ist vorerst einmal ausgeträumt. Fünf Wochen später bringt Shiva sechs gesunde Kinder zur Welt. Zwei mit dem für Dalmatinerwelpen typischen weißen Fell, das seine charakteristische Tüpfelung erst später erhält, und vier mit längeren, hellbraunen Haaren. Das klärt schnell auch die Frage nach dem Vater. Der wohnt zwei Straßen weiter, ist ein freundlicher Golden Retriever und als notorischer Streuner stadtbekannt. Einige Tage später kommt er vorbei, um den Nachwuchs in Augenschein zu nehmen. Shiva freut sich über seinen Besuch, und der Rüde ist ganz Gentleman, begrüßt die Mutter höflich und beschnuppert die Jungen voller Interesse. Shivas Besitzer haben den ersten Schock überwunden. Tag für Tag wächst

ihnen die vorwitzige Welpentruppe mehr ans Herz. Es dauert nicht mehr lange, bis alle der Überzeugung sind, dass diese »Liebesheirat« und ihre Folgen das Schönste ist, was überhaupt passieren konnte. Aber für alle sechs Rabauken ist leider nicht genug Platz im Haus. Zwei Welpen dürfen bleiben, die anderen werden mit zwölf Wochen abgegeben – schweren Herzens.

STÜRMISCHE TAGE

Fortpflanzung der Wölfe Im Wolfsrudel sorgen klare Regeln für ein friedliches Miteinander. Das gilt auch für die Fortpflanzung. Wölfe paaren sich im Winter, meist zwischen Januar und März, in kälteren Regionen zum Teil auch noch im April. Das Recht zur Paarung steht dabei allein den beiden Alpha-Wölfen zu, dem Rudelführer und dem dominanten

Weibchen. Während der Ranzzeit attackiert der Rüde rangniedere Rivalen, sobald sie der Wölfin zu nahe kommen, die Alpha-Wölfin vertreibt alle anderen geschlechtsreifen Konkurrentinnen. Für etwa zwei Wochen ist das Alpha-Paar ständig zusammen, oft sondert es sich auch von der Gruppe ab. Die hektische Paarungszeit endet, wenn die Wölfin trächtig ist.

Bewegtes Vorspiel: Solange die Hündin noch nicht paarungsbereit ist, läuft sie vor dem Rüden weg.

Fortpflanzung der Hunde Wie ihre wild lebenden Vorfahren werden Hündinnen meist in den Monaten Januar bis März läufig, darüber hinaus aber ein zweites Mal zwischen August und Oktober. Die Läufigkeit der Hündin erstreckt sich über ca. drei Wochen, paarungsbereit ist sie in dieser Periode jedoch nur während der fünf bis zehn Tage dauernden Hochbrunst, in der anderen Zeit weist sie aufdringliche Freier ab.

Während der Läufigkeit verändert sich das Verhalten: Die Hündin wird unruhig, scheidet Blut und später Sekret aus und markiert häufig. Manche Weibchen entwickeln einen ausgeprägen Heißhunger, andere müssen zum Fressen überredet werden. In der Hochbrunst verweigern auch ansonsten folgsame Hündinnen den Gehorsam und büxen aus, um sich auf die Suche nach einem Geschlechtspartner zu machen.

Kokettieren erlaubt: Immer wieder lässt die Hündin ihren Freier dicht herankommen, bevor sie erneut auf Distanz geht.

Solange die Hündin wegläuft, muss sich der Rüde in Geduld üben und abwarten, bis sie stehen bleibt und die Paarung zulässt.

DAS LIEBESWERBEN DER RÜDEN

Rüden sind immer paarungsbereit. Die läufige Hündin gibt einen Lockstoff ab, der die Männer des ganzen Viertels und oft aus noch größerer Entfernung herbeilockt. Der Duft der Liebe ist so verführerisch, dass selbst brave Wohnungshunde auf Tour gehen, wann immer sich die Chance dazu bietet. Die ganze Liebhaberschar gibt sich dann vor dem Haus der Dame ein Stelldichein – eine bunte Truppe von kleinen und großen Freiern, Rassehunden und Mischlingen.

Anders als beim Sex der Wölfe kommen bei Hunden nicht zwangsläufig nur dominante Rüden mit Führungsqualitäten zum Zug. Wer sich mit ihr paaren darf, entscheidet immer die Hündin. Oft genug fällt ihre Wahl nicht auf den eindrucksvollsten Macho, sondern auf ein eher schmächtiges Kerlchen.

SCHON GEWUSST?

- Während der Paarung verdickt sich der Penis des Rüden so stark, dass die Partner mit den Hinterteilen aneinanderhängen und sich für geraume Zeit nicht lösen können. Diese Besonderheit verhindert, dass sich unmittelbar nach dem Deckakt andere Rüden mit der Hündin paaren.

- Sehen die Welpen eines Wurfs sehr unterschiedlich aus, wurde die Hündin meist von mehreren Rüden gedeckt, und der Nachwuchs stammt von verschiedenen Vätern.

- Eine Hündin wird mit sieben bis acht Monaten zum ersten Mal läufig, große Rassen häufig erst nach einem Jahr. Die körperliche Entwicklung ist zu diesem Zeitpunkt aber noch nicht abgeschlossen, und das Verhalten oft noch kindlich.

PAARUNGSVERHALTEN

Ist die Hündin noch nicht in Paarungsstimmung, weist sie den Rüden ab, meist knurrend, manchmal aber auch durch Bisse. Erfahrene Zuchtrüden halten sich solange zurück, bis die Hündin ihre Bereitschaft signalisiert, indem sie stehen bleibt und die Rute zur Seite legt. Als günstiger Zeitpunkt für die Verpaarung erweist sich der 11. bis 13. Tag der Hitze der Hündin.

Ganz ohne gegenseitige Wertschätzung klappt das Kindermachen aber nicht. Wenn die zwei sich nicht riechen können, geht jeder besser wieder seiner Wege. Das kommt auch bei Zuchttieren vor. Meist sind es die Damen, die ein eigenwilliges und kapriziöses Verhalten an den Tag legen und gerne ein bisschen zicken. Daher wird die Hündin immer zum Rüden gebracht. In vertrauter Umgebung ist er selbstsicherer und kann sich auch gegenüber starken Frauen besser behaupten. Zeit zum ausgiebigen Beschnuppern brauchen aber beide, vor allem, wenn sie noch unerfahren sind. Der Rüde reitet auf und deckt die Hündin. Danach steigt er ab und dreht ihr das Hinterteil zu, bleibt mit ihr aber noch für 15 bis 20 Minuten verbunden, zum Teil auch länger. Solange die Tiere »hängen« (→ »Schon gewusst«, Seite 99), darf man sie nicht trennen, weil sie sich sonst schwere Verletzungen zuziehen. Beim Verpaaren von Zuchttieren wird die Hündin meist festgehalten, um zu verhindern, dass sie sich in der Aufregung vom Rüden loszumachen versucht.

DIE BABYS SIND UNTERWEGS

Die Hündin trägt durchschnittlich 63 Tage, die Jungen können aber auch bis zu einer Woche früher oder später zur Welt kommen. Ab der 5. Trächtigkeitswoche schwellen die Zitzen an und färben sich rosa, in der 8. Woche wird der Bauch allmählich rundlicher. Etwa zeitgleich mit den körperlichen Anzeichen der Schwangerschaft ändert sich auch das Verhalten der werdenden Mutter. Sie wird anhänglicher, reagiert bedächtiger und schläft mehr, vor allem in den Tagen vor der Geburt. Allerdings gibt es große individuelle Unterschiede: Nicht

Vergebliche Liebesmüh: Der Rüde kommt nicht zum Zug, solange die Hündin nicht paarungsbereit ist. Fast immer läuft sie jetzt noch vor ihrem Freier weg.

Ab der 5. Trächtigkeitswoche verändert sich meist auch das Verhalten der Hündin. Ihr Ruhebedürfnis ist jetzt deutlich größer.

wenige Halter registrieren erst unmittelbar vor der Geburt, dass ihre Hündin in anderen Umständen ist, weil sie sich weder körperlich noch im Verhalten während der Trächtigkeit auffällig verändert hat. Wer im Zweifel ist, ob seine Hündin aufgenommen hat, verschafft sich mit einer Ultraschalluntersuchung beim Tierarzt Gewissheit. Und erfährt dabei auch, wie viele ungeborene Welpen der mütterliche Organismus versorgen muss, was bei der Ernährung der Hündin berücksichtigt werden sollte. Ab der 5. Woche wird die Futtermenge um ein Drittel erhöht, vor der Geburt um die Hälfte. Abwei-

chend vom normalen Fütterungsrhythmus verteilt man die Tagesration jetzt auf mehrere kleinere Mahlzeiten. Am besten fährt man mit einem Fertigfutter für trächtige Hündinnen, dessen Nähr- und Zusatzstoffe auf die speziellen Bedürfnisse in der Schwangerschaft abgestimmt sind. Ansonsten bleibt alles wie immer, der gewohnte Tagesablauf signalisiert der Hündin, dass es keinen Grund zur Unruhe gibt. Bewegung ist wichtig, und der tägliche Spaziergang ist nach wie vor ein Muss. Wilde Spiele und sportliche Aktivitäten wie Joggen oder Radtouren haben jetzt natürlich Pause.

Die Tage als Muttersöhnchen sind gezählt: Dieser selbstbewusste, sieben Wochen alte Golden Retriever erkundet die Welt auch ohne Mamas Beistand.

DIE NATÜRLICHSTE SACHE DER WELT

Spätestens eine Woche vor dem erwarteten Geburtstermin stellt man eine Wurfkiste an einem geschützten und ruhigen Platz in der Wohnung auf. Sie sollte so groß sein, dass sich die Hündin ausstrecken kann. Die 40–50 cm hohen Seitenwände verhindern, dass die Welpen zu früh auf Tour gehen. Etwa 24 Stunden vor der Geburt wird die werdende Mutter immer unruhiger, läuft ständig umher, hechelt auffällig und leckt sich häufig die Scheide.

Eine Hundegeburt kann je nach Zahl der Jungen mehrere Stunden dauern. Oft kommen die Welpen in der geschlossenen Fruchtblase zur Welt. Die Mutter schüttelt die Hülle, bis sie aufreißt, entfernt die Reste mit der Zunge und leckt die durchnässten Neugeborenen trocken. Sie beißt die Nabelschnur durch und frisst meist auch die Nachgeburt (Plazenta), die wichtige Hormone für die Milchproduktion enthält.

HEBAMMENDIENSTE

Fast alle Hündinnen meistern das Geburtsgeschäft selbstständig. Assistenz brauchen nur unerfahrene Mütter.

- Fruchthüllen möglichst rasch mit den Fingern entfernen, wenn die Hündin sie nicht aufreißt. Sonst bekommen die Neugeborenen keine Luft.
- Beißt die Mutter die Nabelschnur nicht durch, muss sie kurz über dem Bauch der Welpen mit einem Faden abgebunden und weiter oben mit einer sterilen Schere durchtrennt werden.
- Wenn die Jungen nicht trocken geleckt werden, leistet ein Handtuch gute Dienste. Aber bitte vorsichtig rubbeln!
- Danach die Welpen an die Zitzen der Mutter legen.
- Verlässt die Hündin einmal die Wurfkiste, wechselt man die feuchten Laken und Zeitungspapiereinlagen.

GEBURTSPROBLEME

Nur selten kommt es bei der Geburt zu Komplikationen. Zur Sicherheit sollten jedoch die Telefonnummern des Tierarztes und der nächsten Tierklinik bereitliegen. Hier ist Hilfe nötig:

● Die Geburt dauert sehr lange, und zwischen den einzelnen Geburtsvorgängen liegen mehr als zwei Stunden.

● Die Hündin ist so erschöpft, dass sie die Geburt nicht weiter aktiv unterstützen kann.

● Sie hat starken oder durch Blut hellrot verfärbten Ausfluss.

● Einige Hunderassen, zum Beispiel Zwergpinscher, haben häufiger schwere Geburten, zum Teil ist ein Kaiserschnitt nötig. Damit es im Notfall schnell geht, sollten Tierarzt oder Tierklinik bereits vor der Geburt verständigt werden.

Die Geburt verläuft meist glatt. Trotzdem sollte der Hundehalter in der Nähe sein, um der Mutter im Notfall Hilfe anbieten zu können.

SCHEINSCHWANGERSCHAFT

Nach der Läufigkeit kommt es bei jeder nicht trächtigen Hündin zur hormonell bedingten Scheinschwangerschaft, die in der Regel unauffällig verläuft. Manche Tiere zeigen jedoch in dieser Phase alle typischen körperlichen Merkmale und Verhaltensweisen der trächtigen Hündin: Sie werden häuslicher und verschmuster, gegenüber Fremden häufig abweisender,

NACHGEFRAGT

Zu jung für Kinder?

Dr. med. vet. Heidi Kübler ist Vorsitzende der Gesellschaft für Ganzheitliche Tiermedizin e. V. (GGTM). Neben der Praxisarbeit hält sie Vorträge über Naturheilverfahren bei Tieren und bildet Tierärzte darin aus.

Was passiert bei der Sterilisation?

Bei der Sterilisation werden Eileiter bzw. Samenstränge durchtrennt, die Keimdrüsen bleiben funktionsfähig. Sterilisierte Tiere können sich nicht mehr fortpflanzen. Das Sexualverhalten bleibt jedoch unverändert: Die Hündin wird weiter läufig, der Rüde interessiert sich immer noch sehr für läufige Hündinnen.

Zu jung für Kinder?

Sehr junge Hündinnen in der ersten Läufigkeit sind häufig körperlich noch nicht ausgewachsen. Sie werden von Trächtigkeit und Mutterschaft überfordert und vernachlässigen oft ihre Jungen. Am besten sollte eine Hündin den ersten Wurf zwischen dem 2. und 4. Lebensjahr haben.

Was tun bei unerwünschter Schwangerschaft?

Bis ca. zum 45. Tag nach dem »Fehltritt« kann der Tierarzt eine Trächtigkeit mit Spritzen unterbrechen. Da dies für die Hündin belastend ist und unerwünschte Nebenwirkungen möglich sind, sollte eine Ultraschalluntersuchung ab dem 21. Tag nach dem Decken abklären, ob sie überhaupt trächtig ist. Die Hündin kann zu diesem Zeitpunkt auch noch kastriert werden.

Ist eine laparoskopische Kastration sinnvoll?

Bei laparoskopischen Operationen setzt der Chirurg zwei oder drei kleine Öffnungen im Bauchraum und keinen großen Bauchdeckenschnitt. Liegen keine Erkrankungen an Gebärmutter oder Eierstöcken vor, bringt ein minimal-invasiver Eingriff Vorteile. Kleinere Schnitte verursachen nach der OP weniger Beeinträchtigungen als ein großer Bauchschnitt.

sie bauen Nester, schleppen Spielzeug herum und behandeln es wie neugeborene Welpen. Das Gesäuge schwillt an, und die scheinschwangeren Mütter produzieren meist auch Milch. Dieser Zustand kann mehrere Wochen anhalten. Hündinnen, die wiederholt und mit starker Milchbildung scheinträchtig werden, sind anfälliger für Gesäugetumore. Die Kastration verhindert weitere Scheinträchtigkeiten.

WANN IST EINE KASTRATION SINNVOLL?

Bei der Kastration der Hündin entfernt der Tierarzt beide Eierstöcke und zum Teil auch die Gebärmutter. Kastrierte Tiere werden dann nicht mehr läufig, trächtig oder scheinträchtig.

Wer seiner Hündin Nachwuchs erlaubt, hat eine große Verantwortung für die Welpen und muss rechtzeitig für ihre Zukunft sorgen.

Auf Rüden mit Verhaltensproblemen wie starker Aggressivität oder einem übersteigerten Sexualtrieb kann der Eingriff dämpfend wirken. Mögliche Nebenwirkungen sind eine verstärkte Fresslust, Gewichtszunahme (auch bei unveränderter Futtermenge), Inkontinenz bei älteren Hündinnen und Fellveränderungen. In allen Fällen sollte eine Kastration sorgfältig abgewogen und mit dem Tierarzt besprochen werden. Nach dem Tierschutzgesetz ist der Eingriff nur bei tierärztlicher Indikation erlaubt. Die Hündin wird meist nach der ersten Läufigkeit kastriert, wodurch auch die Anfälligkeit für Gesäugetumore gesenkt wird. Eine Kastration zum früheren Zeitpunkt kann die noch nicht abgeschlossene Entwicklung des Hundes hemmen.

ZÜCHTEN MIT RASSEHUNDEN

Hundezucht ist kein Hobby, das man aus einer Laune heraus beginnt und wieder ad acta legt, wenn das Interesse abflaut. Wer mit Rassehunden züchtet, muss viel Zeit und Geduld investieren, besonders dann, wenn er seine Tiere auch auf Ausstellungen und bei Prüfungen präsentieren möchte. Er muss Rückschläge hinnehmen, wenn die Zuchtergebnisse nicht den Erwartungen entsprechen oder Fehlentwicklungen und Krankheiten auftreten. Und eine goldene Nase verdient sich mit der Rassezucht auch niemand. Ganz im Gegenteil, die finanziellen Aufwendungen können erheblich sein.

● Rassehunde, mit denen gezüchtet wird, müssen den Rassestandard erfüllen. In ihm hat die FCI (Fédération Cynologique Internationale, → Adressen, Seite 141) als federführende Dachorganisation der Rassehundzüchter die idealtypischen Körper- und Wesensmerkmale einer Rasse festgelegt.

● Der Züchter einer anerkannten Rasse ist Mitglied eines Rassehundezuchtvereins, der dem nationalen Hundeverband angehört, wie dem Verband für das Deutsche Hundewesen VDH, dem Österreichischen Kynologenverband ÖKV oder der Schweizerischen Kynologischen Gesellschaft SKG (→ Adressen, Seite 141).

● Für Rassezuchten mit mehr als drei Hündinnen oder mehr als drei Würfen pro Jahr ist eine veterinäramtliche Genehmigung erforderlich. Voraussetzung für die Zuchterlaubnis sind Fachkenntnisse, der Nachweis über die artgerechte Haltung der Hunde und ein polizeiliches Führungszeugnis.

● Mit Zuchtwertschätzungen können die Vereine erbliche Krankheitsrisiken bewerten. Ungünstige und für die Zucht untaugliche Verpaarungen lassen sich so vermeiden.

Wer mit anerkannten Rassen züchtet, muss die Vorgaben des Rassestandards erfüllen. Im Foto ein English Springer Spaniel. ▶

MAMA MACHT DAS SCHON

Hündinnen sind fürsorgliche Mütter, die ihren Nachwuchs rund um die Uhr betreuen. Für die Welpen sind die ersten Wochen die wichtigsten des Lebens. Schon jetzt werden Charakter und Persönlichkeit geformt.

SONNENSCHEIN UND STRESS wechseln sich immer wieder ab in den ersten Tagen mit den neugeborenen Welpen. Mutterfreuden – das heißt für die Hündin ständige Fürsorge und Zuwendung für ihre noch völlig hilflosen Jungen. Ein Fulltime-Job, der kaum Zeit lässt, um den eigenen knurrenden Magen zu besänftigen, sich einmal die Beine außerhalb der Wurfkiste zu vertreten oder eine Mütze voll Schlaf zu gönnen. Doch die Hundemama nimmt ihre Pflichten ernst. Die Kinder kommen immer zuerst, das eigene Wohl muss zurückstehen.

MAX UND MORITZ

Als Hundemutter kann man Glück haben mit dem Nachwuchs und mit ausgeglichenen und sanften Kindern gesegnet sein. Man kann aber auch Pech haben und muss sich um Max und Moritz kümmern. Aufgeweckt und neugierig ist eine eher diplomatische Umschreibung für die beiden Rauhaardackel-Welpen. Mit ihren fünf Wochen lassen die Jungs mit den krummen Beinchen aber auch gar nichts anbrennen. Was immer das Interesse eines naseweisen Junghundes wecken kann, Max und Moritz sind die Ersten, die es ausbaldowern und testen. Wer wagt sich zuerst in die große weite Welt und geht auf Entdeckungstour? Wer erprobt seine Zähnchen am Weidengeflecht der Wurfkiste? Wer findet Mamas Schwanz genau richtig für herzhafte Bisstests? Wer sorgt auch dann noch für Unruhe im Karton, wenn die anderen Geschwister längst Siesta halten? Und weil die kleinen Nervtöter getreu dem Motto »Wo du bist, will ich auch sein!« ihre Untaten stets im Doppelpack inszenieren, halten sie ihre Mutter rund um die Uhr in Trab. Wenn die beiden Buben einmal zu sehr über die Stränge schlagen, knurrt sie böse und zwickt ihre ungehorsamen Zöglinge mit den Zähnen. Doch lange hält die Strafpredigt nicht vor, und schon hecken Max und Moritz den nächsten Streich aus. Was bleibt der Dackelmutter übrig, als immer wieder Nachsicht walten zu lassen? Zum Glück dauert es nicht mehr lange, und die Youngster müssen sich ohne mütterliche Unterstützung behaupten. Wohin es Max und Moritz auch immer verschlagen wird, Angst um die Zukunft der selbstbewussten Jungdackel muss sich niemand machen.

Wärme und Geborgenheit: Die kaum fünf Wochen alten Labrador Retriever suchen die Kuschelnähe zu ihren Wurfgeschwistern.

WOLFSWELPEN HABEN VIELE TANTEN

Wölfe sind immer auf Tour, die Suche nach Beutetieren bestimmt das Leben des Rudels. Auch das trächtiger und säugender Weibchen. Tragende Tiere können zwangsläufig nur wenige Aufgaben im Rudel übernehmen. Wolfsmütter sind nach der neun Wochen dauernden Trächtigkeit aber schon

bald wieder voll einsatzfähig. Nicht zuletzt, weil sie sich nicht alleine um die Aufzucht ihres Nachwuchses kümmern müssen. Sowohl der Vater wie auch andere Rudelmitglieder beteiligen sich an der Versorgung und Pflege der Jungen. Solange die meisten erwachsenen Wölfe auf der Jagd sind, übernehmen in der Regel die jüngeren Weibchen den Kindergärtnerinnen-Job.

Durchschnittlich fünf bis sieben Junge bringt eine Wölfin zur Welt. Mit acht Wochen werden sie entwöhnt und entwickeln sich danach so rasant, dass sie mit einem halben Jahr fast so groß wie die Erwachsenen sind. Der Ernst des Lebens beginnt früh für Wolfskinder: Schon als Halbwüchsige sind sie bei den Jagdausflügen dabei, wenn auch nicht aktiv, sondern nur als Beobachter

Angeborener Milchtritt: Beim Trinken an der Zitze stemmt sich der Welpe mit den Beinen immer wieder vom Körper seiner Mutter ab und regt so den Milchfluss an.

VIEL WÄRME, VIEL SCHLAF UND MAMAS BESTE MILCH

Hilflose Neugeborene Die Trächtigkeitsdauer des Hundes ist ähnlich kurz wie die des Wolfs. Auch bei ihm kommen die Jungen unfertig und als Nesthocker zur Welt. Sie sind völlig hilflos, blind und taub, und ihr übergroßer Kopf scheint viel zu schwer zu sein für den winzigen Körper. Milchtrinken und Schlafen bestimmen die ersten beiden Wochen der Neugeborenen.

Wärmeempfinden Die Welpen wachen nur auf, wenn ihr Magen knurrt oder wenn sie frieren. Die Nestwärme beim Kontaktliegen mit Mutter und Wurfgeschwistern ist für sie lebenswichtig, weil die Thermoregulation bei ihnen noch nicht vollständig funktioniert. Ein neugeborener Welpe, der alleine oder ohne wärmendes Rotlicht in der Wurfkiste liegt, kühlt schnell aus.

Geruchssinn Neben der Fähigkeit, sich am Wärmegradienten zu orientieren, ist auch der Geruchssinn schon entwickelt. Mit seiner Hilfe finden die Welpen den Weg zur mütterlichen Milchbar, selbst wenn das Vorwärtskriechen auf den dünnen Beinchen sichtlich mühsam ist. Vor Ort muss man sich dann noch im Wettstreit um die ergiebigsten Zitzen gegen seine Geschwister behaupten.

Milchtritt Die Welpen stemmen ihre Beinchen in rhythmischen Bewegungen

und unter Aufsicht. Bei den Wölfen hat das Überleben des Rudels absolute Priorität, dem sich alles andere unterordnet. Die Versorgung der Welpen ist mühsam und kostet die Gruppe viel Energie und Zeit. Selbst bei nur einem Wurf erreichen selten alle Welpen das Erwachsenenalter, zwei Würfe würden die Zukunft des gesamten Rudels gefährden. In der Regel bekommt daher nur das Alpha-Paar Junge. Wird ein anderes Weibchen trächtig, attackiert die Alpha-Wölfin es meist so lange, bis die Stresssituation zur Totgeburt führt. Zwei Würfe in einem Rudel kommen am ehesten dort vor, wo Wölfe stark verfolgt werden. Geschlechtsreif sind Wölfe mit drei Jahren, ihre Lebenserwartung in freier Wildbahn liegt bei etwa zehn Jahren.

Im Eiltempo durch die Kinderstube: Die Welpen
erkunden mit vier Wochen die Welt
und erproben ihre Kräfte in Jagd- und Kampfspielen.

immer wieder gegen den Körper der Mutter. Der sogenannte Milchtritt ist ihnen angeboren und regt den Milchfluss des Gesäuges an.

Augen, Ohren und Zähne Die 3. Lebenswoche der Welpen bringt einschneidende Veränderungen: Ihre Augen und Ohren öffnen sich, sie können Bewegungen und Geräusche wahrnehmen. Wie Menschenkinder kommen Hundekinder ohne Zähne zur Welt. Jetzt brechen die ersten Milchzähne durch. Haben die Welpen bisher quasi in ihrer eigenen Innenwelt gelebt, beginnen sie nun die neue Welt in und um die Wurfkiste zu entdecken. Zuerst werden Mutter und Geschwister »erkundet«, betatscht, beschnüffelt und abgeleckt; doch allzu lange dauert es nicht, bis der Wagemutigste über den Kistenrand klettert und in aufregende Abenteuer purzelt.

Säugen In der 3. und 4. Woche gibt die Hündin die meiste Milch. Danach lässt die Milchproduktion immer mehr nach, bis die Jungen mit ca. sechs Wochen abgesetzt werden. Zum Ausgleich der versiegenden Milchquelle würgt die Mutter Nahrung hervor und gewöhnt ihre Kinder nach und nach an feste Nahrung. Welpen sind unersättliche Milchtrinker: Die Menge an Milch, die eine Hündin in der Laktationszeit abgibt, beträgt oft mehr als das Doppelte ihres Körpergewichts.

● Die Sterblichkeitsrate von Hundewelpen ist im Vergleich mit der von Wölfen sehr niedrig. Mitverantwortlich dafür sind neben der mütterlichen Rundum-Fürsorge gute Haltungsbedingungen, welpengerechte Ernährung und eine schnelle medizinische Versorgung im Notfall.

WENN DIE JUNGEN NICHT ANGENOMMEN WERDEN

Wenn die Hundemutter sich nicht um ihren Nachwuchs kümmert, kann das mehrere Ursachen haben. Am häufigsten sind es erstgebärende und unerfahrene Hündinnen, die von der Situation überfordert werden und mit den Neugeborenen nichts anzufangen wissen. Aber auch ständige Unruhe und Störungen rund um die Wurfkiste können dazu führen, dass nervöse Weibchen ihre Kinder im Stich lassen.

Traum-Trio: Bis zur 3. Lebenswoche besteht der Welpentag der Beagle-Minis hauptsächlich aus Schlafen.

Vertrauensbildende Maßnahmen: Früher Kontakt zum Menschen ist wichtig, damit sich der Welpe an die Nähe und den Geruch des Menschen gewöhnt.

man sie vom eigenen Wurf und reibt die verwaisten Welpen an ihren Jungen, um deren Geruch auf sie zu übertragen. Fast immer nimmt die Amme den Zuwachs in der Wurfkiste an und versorgt ihn wie die eigenen Kinder. Auf der Suche nach geeigneten Ammen helfen Tierarzt, Züchter oder die Welpenvermittlungen der Zuchtvereine weiter.

KINDER- UND JUGENDZEIT

Kommunizieren Die Jungen machen jetzt enorme Fortschritte. Mit vier Wochen setzen sie die Körper- und Lautsprache gezielt ein, um ihren Stimmungen und Absichten Nachdruck zu verleihen. Dabei hängt die Entwicklung des Sprachvermögens wesentlich vom regelmäßigen »Smalltalk« mit den Geschwistern, anderen Hunden und bald auch dem Menschen ab (»Schon gewusst?«, → Seite 65).

Erkunden Die Bewegungen verbessern sich zusehends, auch wenn alles noch ein bisschen tapsig wirkt. Das hält die neugierige Rasselbande aber nicht von ihren Entdeckungsreisen rund um die Wurfkiste ab.

Kräftemessen Die Spiele mit den Wurfgeschwistern werden rauer, die Kämpfe wilder. In Jagd- und Verfolgungsspielen trainiert man Reaktionsvermögen und Körperbeherrschung.

Handaufzucht Nicht angenommene oder verwaiste Welpen werden anfangs alle zwei, später nach drei Stunden mit Ersatzmilch aus der Flasche gefüttert. Um Verdauung und Darmtätigkeit anzuregen, müssen ihre Bäuche mit der Hand massiert werden (die Hündin macht das mit der Zunge). Rotlicht und andere Wärmequellen sorgen dafür, dass die Winzlinge nicht auskühlen. Ab

der 3. Lebenswoche interessieren sich die Welpen meist schon für die erste festere Nahrung, die man ihnen als Brei zusätzlich anbietet.

Adoption durch eine Amme Die Handaufzucht ist ein mühsames Geschäft. Einfacher und erfolgreicher läuft es mit einer Amme. Das ist eine Hündin, die zur gleichen Zeit Junge hat und auch Milch produziert. Für kurze Zeit trennt

Soziale Verträglichkeit In diesem Alter sind die jungen Hunde neugieriger und lernwilliger als zu jeder anderen Zeit ihres Lebens. Jetzt werden die Weichen für ein vertrauensvolles Verhältnis zum Menschen gestellt. Hunde, die ohne regelmäßige Zuwendung und Beschäftigung aufwachsen (zum Beispiel bei Zwingerhaltung), bleiben auch als Erwachsene unsicher und schwierig, entwickeln eine instabile Beziehung zum Menschen und ordnen sich kaum in eine Gemeinschaft ein. Die Sozialisierungsphase dauert bis zur 14., bei manchen Rassen aber auch bis zur 20. Lebenswoche.

Pubertät Ab dem 5. Lebensmonat proben die halbwüchsigen Hunde den Aufstand – die einen mehr, die anderen weniger. In dieser Phase wird die Rangordnung festgelegt. In einem Hunderudel geht das nicht ohne Zoff ab, bis jeder seinen Platz gefunden hat. Gegenüber den menschlichen Familienmitgliedern verhält sich der Youngster nicht anders: Er stellt sich stur, wenn man ihm etwas beibringen will, er überhört Befehle und testet immer wieder die Autorität des Halters. Die Flegelmonate können stressig sein, aber wer auf die Spielchen seines Hundes nicht eingeht, konsequent bleibt und ihm die Grenzen aufzeigt, hat schon gewonnen.

ENDLICH ERWACHSEN!

Mit sieben bis neun Monaten ist die Pubertät überstanden und der Hund erwachsen, große Rassen brauchen allerdings oft noch drei bis vier Monate länger. Die Hündin wird zum ersten Mal läufig; Rüde und Hündin sind fortpflanzungsfähig. Körperlich und im Verhalten zeigen viele Hunde aber immer noch kindliche Merkmale. Es kann bis zum 3. Lebensjahr dauern, bis die Entwicklung abgeschlossen ist und der Hund seine volle Leistungsfähigkeit erreicht. Daher sollte eine Hündin auch nicht zu früh Nachwuchs bekommen, weil sie von Schwangerschaft, Geburt und Jungenaufzucht oft überfordert ist (»Nachgefragt« → Seite 103). Viele Rassehundezuchtvereine haben das Mindestalter für die Zuchtzulassung auf 18 Monate festgesetzt.

● Der Hund ist jetzt ein vollwertiges Mitglied seiner Familie. Er ist körperlich fit und entsprechend seiner Veranlagung auch sportlich belastbar, er hat die Grunderziehung (→ Seite 82) erfolgreich absolviert und sich zum umgänglichen und höflichen Begleiter in allen Lebenslagen entwickelt. Seine Ernährung ist ausgewogen, und er macht beim Fressen keine Zicken. Es gehört zur Persönlichkeit eines Hundes, dass er mit der Zeit einige feste Gewohnheiten annimmt. Seine Familie kommt damit klar, weil sie die Partnerschaft nicht belasten (zu Defiziten und unangepasstem Verhalten → Seite 84).

● Jungen Wölfen geht es ganz anders: Die meisten verlassen als Jährlinge die Gruppe, um – oft Hunderte von Kilometern entfernt – ein eigenes Rudel zu gründen. So wird Inzucht vermieden und zugleich die Verbreitung der Art gefördert.

SCHON GEWUSST?

● Hündinnen bringen ihre Jungen oft mitten in der Nacht zur Welt. Bis alle Welpen da sind, kann die Geburt bis in die Morgenstunden dauern. Ähnliche »Nachtgeburten« kennt man auch von anderen Tieren, zum Beispiel von Pferden.

● Das Hormon Prolaktin entsteht bei der Hündin vermehrt nach der Läufigkeit in der Phase der Scheinträchtigkeit, ebenso nach der Geburt, wo es die Milchbildung fördert. Prolaktin führt aber auch zu Verhaltensänderungen und kann aggressive Abwehrreaktionen auslösen.

● Die Augen des Welpen sind meist blau. Die Farbpigmente lagern sich erst später in die Iris ein. Sie geben dem Auge dann seine eigentliche Farbe.

DIE WELPEN ENTDECKEN DIE WELT

Wehe wenn sie losgelassen! Mit ihren sieben Wochen sind diese Siberian Huskys genau im richtigen Alter, um die ganze Welt zu entdecken. Zum Ende des 2. Lebensmonats verläuft die Entwicklung der Welpen stürmisch: Sie sind jetzt schon körperlich echt fit, das Laufen und Sprin-gen klappt von Tag zu Tag besser, und in ihrem Tatendrang und der Neugier auf Neues sind die kleinen Naseweise kaum noch zu bremsen.

Ein Welpe kommt selten allein Solo auf Erkundungstour geht keiner der Youngster. Dazu ist alles noch zu fremd und furchteinflößend. Gemeinsam aber kennt die vorwitzige Rasselbande keine Grenzen. Und riskiert schon einmal einen Blick über den Zaun aufs Nachbargrundstück. Wenn man dann vom vielen Entdecken und den wilden Spielen miteinander fürchterlich müde geworden ist, hält man einträchtig Mittagsschlaf. Bis es bald wieder heißt: Was kostet die Welt?

Welpenschule Ab der 8.–9. Lebenswoche können junge Hunde an Welpenspieltagen teilnehmen und den Umgang mit gleichalt-rigen Artgenossen lernen. Spielerisch werden sie hier mit den unterschiedlichsten Situationen vertraut gemacht, sie gewöhnen sich an fremde Geräusche und auch schon an die wichtigsten Hörzeichen. Welpenspieltage werden von Rassehundeklubs und Hundeschulen angeboten.

Spiel mit mir! Auch wenn er sich noch unsicher und unbeholfen bewegt, weiß der kleine Tervueren-Welpe schon, wie man seinen Vater zum Mitmachen animiert.

Um die Sache nicht noch schlimmer zu machen, wird er bei der Ankunft nicht von der ganzen Familie mit großem Hallo begrüßt, sondern kommt in ein Zimmer, wo er die ersten Stunden möglichst ungestört ist. Hier gibt es einen Schlafkorb mit der vertrauten Schmusedecke, Wasser, etwas Trockenfutter und für Notfälle eine Zeitungspapierecke.

Inspektionstour Die Neugier siegt meist schnell über die Angst, und am nächsten Tag darf der Kleine unter Aufsicht die Wohnung erkunden und alles ausgiebig beschnuppern. Jetzt lernt er – einen nach dem anderen – die Familie kennen und prägt sich Stimmen und Gerüche ein.

Welpensichere Wohnung Junge Hunde knabbern alles an, was zwischen ihre Zähnchen passt. Elektrokabel, Schuhe, Bücher, Zeitungen und Zeitschriften, Medikamente müssen ebenso außer Reichweite sein wie scharfe und spitze Gegenstände, kleine Objekte, die verschluckt werden können, und alles, was essbar ist. Grünpflanzen im Zweifelsfall entfernen, wenn man nicht weiß, ob sie für Hunde giftig sind. Ein Welpe bewegt sich noch ziemlich unbeholfen. Gitter und Sperren an Treppen und Podesten schützen vorm Absturz.

24-Stunden-Job Obwohl der Wonneproppen mehr als die Hälfte des Tages verschläft, muss jemand in der Nähe

WENN EIN JUNGER HUND INS HAUS KOMMT

In den ersten Tagen und Wochen mit dem Welpen legen Sie den Grundstein für eine harmonische Beziehung.
Keine Begrüßungsparty Die Trennung von Mutter und Wurfgeschwistern, die Reise im schaukelnden Auto, fremde Gerüche und unheimliche Geräusche in einer völlig unbekannten Umgebung, die fremden Menschen: Der Start in sein neues Leben stellt für den elf oder zwölf Wochen alten Welpen ein dramatisches und ängstigendes Ereignis dar.

Herz in der Hose: Respekt und ein bisschen Angst hat der vier Wochen alte Welpe vor dem großen Artgenossen doch noch.

Am liebsten unter sich: Mit den Wurfgeschwistern kann man herrlich knuddeln, schmusen und wilde Spiele spielen.

sein, wenn er aufwacht. Zumindest in den ersten sechs Wochen ist ständiger Begleitschutz nötig. Als berufstätiger Single muss man schon einmal seinen Jahresurlaub opfern.

Nächtlicher Beistand Nachts alleine geht gar nicht! Das Körbchen kommt neben das Bett, und ab und zu beruhigt die Streichelhand, wenn das ängstliche Fiepen und Jaulen nicht aufhört. Das Schlafzimmer ist keine Dauerlösung: Haben sich die Wogen geglättet, übersiedeln Welpe und Hundekorb an ihren eigentlich vorgesehenen Platz.

Geschäft unter Kontrolle Die Erziehung zur Stubenreinheit fängt am ersten Tag an. Der Welpe wird nach jeder Mahlzeit und wenn er vor einem Nickerchen noch ausgiebig Wasser geschlabbert hat, nach draußen gebracht. Den Löseplatz merkt er sich schnell und zeigt bald auch an, wann es drängt.

Leinen-Test Mit dem Halsband wird ein junger Hund so früh wie möglich vertraut gemacht, auch wenn es ihm am Anfang nicht gefällt. Hat er sich daran gewöhnt, folgen die Grundübungen mit der Leine.

Die Heimtier-Connection Wann und wie man den ersten Kontakt zu anderen Tieren im Haus herstellt, hängt vom Wesen und der Umgänglichkeit der tierischen Mitbewohner ab. Erwachsene Hunde räumen dem Welpen meist Narrenfreiheit ein, während Katzen, vor allem weibliche, zum Teil ungehalten auf den ungestümen Frechdachs reagieren. Zu Vögeln und kleinen Haustieren sollte er Distanz wahren.

Raus ins Freie Dreimal täglich Spazierengehen ist ideal, aber keine Gewaltmärsche. Straßenbekanntschaft mit anderen Hunden möglichst erst, wenn der Impfschutz aufgebaut ist.

SPORT, SPIELE UND JOBS

Viel Spaß für Zwei- und Vierbeiner. Wer täglich Köpfchen und Körper des Hundes fordert, festigt die Partnerschaft und verhindert, dass er träge wird oder aus Langeweile auf dumme Gedanken kommt.

IMMER IM TRAINING Hunde haben einen starken Bewegungsdrang. Damit sie sich wohlfühlen und gesund und fit bleiben, müssen sie täglich laufen, springen, spielen und sich beschäftigen. Das gilt nicht nur für laufstarke Rassen und Sportlertypen, sondern auch für Kleinhunde, die oft viel bewegungsfreudiger und leistungsfähiger

sind, als ihr Besitzer es ihnen zutraut. Um Ihrem Hund genügend Bewegung zu verschaffen, sollten Sie ihm mehr bieten als die tägliche Gassi-Runde auf immer gleichen Wegen. Der Mini-Fitnessparcours im eigenen Garten, die wilde Jagd nach der Frisbee-Scheibe auf der Wiese oder der Badespaß im – für Hunde erlaubten – See sorgen für begeisterte Zustimmung und bringen jeden Vierbeiner auf Touren.

HUGO HÄLT DEN KASTEN SAUBER

Hugo, »die Schnauze«, ist eine Berühmtheit. Zumindest eine lokale. Für seine Mitspieler auf dem Hundeplatz und ihre zweibeinigen Betreuer ist er eine sichere Bank. Holt Hugo ins Team, Hugo ist der halbe Sieg, lautet die Parole. Der wieselflinke Border Collie ist der gefragteste Torhüter weit und breit, wann und wo immer Hundefußball auf dem Programm steht. Angefangen hat er wie alle anderen ballverrückten Vierbeiner:

als laufstarke Sturmspitze und bei Bedarf als Libero oder knallharter Verteidiger. Sein Talent zwischen den Torstangen entdeckte sein Besitzer eher zufällig beim lockeren Training auf dem Rasen hinterm Haus. Den Ball mit Kopf, Körper, vor allem aber mit Schnauze und Nase abzuwehren und ins Feld zurückzukicken, ist Hugos große Leidenschaft. Er holt die unmöglichsten Bälle, die halbhohen und die Bogenbälle genauso wie die scharf und flach geschossenen. Hugo hat es im Blut und springt exakt im richtigen Sekundenbruchteil ab, um den Ball in der Luft zu erwischen. Nur manchmal, wenn ihm der Ball direkt vor die Pfoten kullert, hält es ihn nicht im Tor, und er mischt als Feldspieler mit. Wie es sich für einen Beinahe-Profi gehört, steht für den Border auch regelmäßiges Training auf dem Programm. Dann schießt sein zweibeiniger sportlicher Betreuer den Ball immer wieder vom Elfmeterpunkt aufs Tor, und Hugo hechtet todesmutig nach jedem Schuss, um seinen Kasten sauber zu halten.

SPIELER- UND SPORTLERTYPEN

Antisportler, schlaffe Couch-Potatos und Mimosen, die bei miesem Wetter schon an der Haustür kehrtmachen, findet man unter Hunden natürlich auch, aber sie sind die absolute Minderheit im Vergleich mit der Übermacht ihrer spiel- und sportverrückten Kollegen. Die Lust am Herumtoben, bis die Zunge fast am Boden schleift, am Rennen und Springen, an gnadenlosen Kampf- und Jagdspielen gibt es für die Rasselbande quasi gratis mit der Muttermilch. Der nicht zu bremsende Bewegungsdrang trainiert Reaktion und Fitness, testet im spielerischen Wettstreit mit den Wurfgeschwistern aber auch schon, wer sich behaupten kann oder untergebuttert wird. Die wilden Spiele der Welpen sind für alle Hundeartigen kennzeichnend.

Die Wölfe spielen als Erwachsene nur selten. Ihr Alltag wird bestimmt vom ständigen Kampf um die ausreichende Versorgung des Rudel, für Spiele bleibt keine Zeit. Der Hund hat solche Sorgen nicht. Im Zusammenleben mit dem Menschen musste er nie erwachsen werden. Er ist ein Kleinkind geblieben, das behütet, gefüttert und gehätschelt wird. Und er hat sich welpentypische

121

Aufregende Entdeckung: Neugierig, aber noch etwas zögernd nähern sich die beiden Youngster dem fremdartigen, Wasser speienden Objekt.

Verhaltensmuster bewahrt. Die Leidenschaft fürs Spielen gehört dazu. Dabei stehen Jagd- und Verfolgungsspiele weit oben auf der Wunschliste, ganz gleich, ob man dem Ball hinterherrennt oder Herrchen jagen darf. Mit etwas Geduld und Motivationshilfe lassen sich Hunde aber auch für Denk- und Kombinationsspiele begeistern. Und wer wiederholt für die richtige Lösung gelobt und belohnt wird, entwickelt sich schnell zum Knobel-Junkie, den keine Aufgabe schreckt. Welchen Sport man mit seinem Hund treiben kann, hängt von seiner Konstitution und dem Leistungsvermögen ab. Sportlich auf die Bremse treten muss man bei älteren Hunden und beim Nachwuchs bis zum 12. Lebensmonat (bei Großrassen bis zum 18.), weil ihre körperliche Ent-

wicklung noch nicht abgeschlossen ist. Auch Rassen, die für Skelettprobleme und Atemwegserkrankungen anfällig sind, darf Sport nur im Schongang verordnet werden.

DIE BESTEN SPIELERTYPEN UND SPORTCRACKS

- Ball und Frisbee: Boxer, Pudel, alle Terrier, Schäferhund, Border Collie, Bobtail, Dobermann
- Apportieren: Collie, Schäferhund, Berner Sennenhund
- Such- und Versteckspiele: Basset, Beagle, Retriever, Schäferhund, Cocker Spaniel, Hovawart, Spitz
- Denk- und Tüftelspiele (vorzugsweise in der Wohnung): Papillon, Pekingese, Zwergpudel, Chihuahua, West Highland Terrier, Zwergschnauzer und andere Kleinhunde, Border Collie
- Spielpartner für Kinder: Boxer, Bobtail, Cocker Spaniel, Foxterrier, Spitz, Dalmatiner, West Highland Terrier, Bearded Collie
- Jogger: Airedale Terrier, Afghane und alle anderen Windhunde, Dobermann, Dalmatiner, Irish Setter, Border Collie
- Agility: Border Collie, Pinscher, Pudel, Kromfohrländer, Australian Shepherd

Gesundheits-Check Bevor ein Hund mit dem Leistungssport beginnt, sollte der Tierarzt ihn auf Herz und Nieren prüfen.

Welches Spiel auch auf dem Programm steht,
gemeinsam mit seinem Menschen
macht es für jeden Hund gleich doppelt so viel Spaß.

DIE SCHÖNSTEN SPIELE FÜR DRINNEN …

Objektsuche Ball oder Spielzeug im Nebenraum, hinter Tür oder unter Teppich verstecken. Höherer Schwierigkeitsgrad, wenn der Hund nicht sofort suchen darf oder der Gegenstand erhöht (auf Stuhl oder Kommode) abgelegt wird.
Personensuche Zweite Person hält Hund zurück, bis der Mitspieler ein geeignetes Versteck gefunden hat.
Slalom Parcours aus 3–5 Stangen aufbauen, zum Beispiel im Flur. Anfangs den Hund mit Leine und Kniekontakt dirigieren. Später Parcours verlängern und Abstände variieren.
Hürdensprung Leiste über zwei Bücherstapel legen und den Hund von der anderen Seite mit Leckerbissen zum Sprung animieren. Mit ca. 20 cm Sprunghöhe beginnen, langsam steigern. Die Leiste muss frei aufliegen.
Denkspiele Belohnung in eine von drei verschiedenfarbigen Schachteln legen. Schwieriger: nach dem Verstecken die Plätze der Boxen vertauschen.

… UND DRAUSSEN

Ballspiele Mensch und Hund versuchen sich gegenseitig den Ball abzujagen. Der Ball muss so groß sein, dass der Hund ihn nicht packen kann. Beim Ballboxen springt er nach dem Ball und »boxt« ihn mit der Schnauze zurück.
Frisbee Frisbee-Scheibe in flachem Winkel werfen, damit der Hund sie im Sinkflug erwischen kann. Nie direkt auf den Hund zielen. Vorsicht: Hohe Sprünge belasten die Gelenke.

Fährtensuche Alte Socken oder getragenen Pullover über die Erde ziehen und hinter Baum oder in Erdloch verstecken. Schwieriger: Eine andere Duftspur kreuzt die Fährte.
Tauziehen Kräftemessen mit alter Decke oder Spieltau. Äste sind ungeeignet, da Holzsplitter zu Verletzungen im Rachenraum führen können. Kein Tauziehen mit der Hundeleine.
Balancieren Auf einem liegenden, möglichst dicken und astfreien Baumstamm üben. Anfangstraining mit der Leine.

Mundfracht: Für Bringspiele begeistern sich schon die Kleinsten. Auch wenn nicht jedes Objekt den Empfänger erreicht.

Volle Kanne: Für Action mit dem Ball lassen Hunde alles liegen und stehen. Und gemeinsam mit den Kollegen macht's noch mehr Laune.

PFIFFIGES FÜR AUSGESCHLAFENE HUNDE

Ihr Hund kann mehr, als Sie ihm zutrauen! Je größer die Herausforderung, desto begeisterter ist er bei der Sache. Und Herrchens Lob für eine erfolgreich absolvierte Lektion ist das Größte überhaupt. Kleine Lernschritte sind bei komplexen Übungen der sichere Weg zum Ziel. Und da kein Meister vom Himmel fällt, wird jede Aufgabe mehrfach wiederholt.

Voraussetzung für das Training ist der Grundgehorsam des Hundes. Er sollte die wichtigsten Kommandos wie »Sitz!« und »Komm!« kennen und befolgen. Beginnen Sie jede Übung mit »Sitz!« oder »Platz!«, damit er sich voll auf Sie konzentriert.
Pfote geben Schieben Sie die Faust mit einem Leckerbissen unter die Vorderpfote des sitzenden Hundes, heben Sie die Pfote langsam an und verknüpfen Sie die Bewegung mit dem

Profis im Einsatz: Beim Kampf um die Kugel zählen Fitness, Pfiffigkeit und Körperbeherrschung mehr als reine Kraft und Größe.

Fair Play: Die Lizenz für wilde Ball-, Jagd- und Kampfspiele gibt es nur für Vierbeiner, die sich mit ihren Artgenossen gut verstehen.

Kommando »Pfote!«. Ist die Pfote in Kopfhöhe Ihres Hundes, erhält er die Belohnung. Die Kontaktaufnahme mit erhobener Pfote ist ein hundetypisches Verhalten, für das meist nur wenige Trainingseinheiten nötig sind.

Männchen machen Zeigen Sie dem sitzenden Hund einen Leckerbissen und führen ihn langsam nach oben über seinen Kopf. Brechen Sie die Übung ab, wenn er hochspringt und nach dem Futter schnappen will. Lassen Sie ihn erneut »Sitz!« machen und wiederholen Sie die Lektion. Bei Erfolg gibt es die Belohnung. Wenn Sie die Übung mit »Mach Männchen!« verknüpfen, reagiert Ihr Hund schon bald allein auf das Kommando. Belohnt wird er dann nur am Ende der Spielstunde.

Seitwärts rollen Zeigen Sie dem liegenden Hund ein Leckerli und führen Sie das Futter langsam über seinen Kopf hinweg nach hinten. Er wird den Kopf drehen, um die Belohnung mit den Augen zu verfolgen. Sobald der Leckerbissen aus seinem Blickfeld verschwindet, rollt er seinen Körper seitlich ab. Lautzeichen: »Rolle!« oder »Mach die Rolle!«. Üben Sie mit einer Hand leichten Druck auf seinen Körper aus, damit Ihr Hund am Anfang nicht sofort aufspringt, wenn er die Belohnung nicht mehr sieht. Später kann das Kommando durch ein Sichtzeichen (Drehbewegung mit der Hand) unterstützt oder ganz ersetzt werden.

Zielobjekt apportieren Ihr Hund soll bestimmte Sachen herbeibringen: einzelnen Gegenstand werfen und den Hund mit dem Objektnamen (»Puppe!«, »Stock!«, »Ball!«) zum Holen auffordern. Mehrfach üben. Später mehrere Objekte auslegen, von denen er jeweils ein bestimmtes apportieren muss.

AGILITY IST FÜR MICH DAS GRÖSSTE Ein Schlaffi bin ich nicht. Schon als Welpe war ich fixer als meine Geschwister und bin allen davongerannt. Ich will mich nicht loben: Aber seitdem ich quasi Agility-Profi geworden bin, hat die Konkurrenz null Chance, wenn ich am Start stehe. Die Sammlung meiner Siegertrophäen füllt inzwischen drei Regale.

Liebe überwindet jedes Hindernis Am Anfang war Mandy. Mandy ist eine absolut tolle Retrieverhündin und genau das, was mir der Arzt verschrieben hat. Sie lebt im Nachbarhaus und ist regelmäßig im Garten. Der ist von unserem durch ein fast einen Meter hohes Mäuerchen getrennt. Niemand hat es mir zugetraut, aber der Sprung war eher eine leichte Übung. Und schließlich ging es ja auch um eine Herzenssache. Meinem Herrchen ist bei der ganzen love affair eine Idee gekommen: Wer körperlich so gut drauf ist wie ich, muss mehr daraus machen. Das war die Geburtsstunde meines Hürdentrainings.

Ein Besenstiel tut's auch Natürlich sind wir nicht gleich professionell eingestiegen. Erstens wusste mein Halter nicht, ob die Mauersprünge nicht eine Eintagsfliege waren, und zweitens, ob

DR. WATSON

Dr. Watson ist der ganze Stolz von Familie Eberhard. Der gewitzte dreijährige Bearded-Collie-Mischling ist bei Agility-Wettbewerben kaum zu schlagen. Doch von nichts kommt nichts: Dr. W. ist ständig im Training.

ich mich überhaupt für die Springerei und alles andere begeistern würde. Die Zweifel habe ich ihm schon am ersten Tag genommen: Es war so, als hätten die Hürden schon immer auf mich gewartet. Wir haben klein angefangen: mit Besenstielen über Stühlen als Hürden, ein paar Slalomstangen, Tisch und selbst gebastelter Rampe und Wippe. Den Bogen hatte ich schnell raus. Herrchen hat die Zeit gestoppt, und sobald

ich fehlerfrei blieb, durfte ich einen neuen, schwierigeren Parcours testen.

Als Profi auf Tour Ich war topfit und der Garten bald viel zu klein für mich. Also haben wir uns im Hundesportverein angemeldet, wo man auf einem echten Agility-Parcours trainieren und an offiziellen Wettbewerben teilnehmen kann. Für Herrchen bedeutete das eine große Herausforderung: Jetzt war es vorbei mit gemütlichem Zuschauen, er musste mitlaufen und versuchen, auf meiner Höhe zu bleiben. Heute sind wir beide ein perfektes Team und immer für Sieg oder zumindest Platz gut.

Agility im Turnierhundsport
Offiziell gibt es drei Agility-Klassen mit steigendem Schwierigkeitsgrad. Hunde bis 40 cm Widerrist nehmen am Mini-Agility mit kleineren Abmessungen teil.

Der gehört mir! Wenn es im Kampf um den Lieblings-Gitterball nötig ist, kann ein Jack Russell Terrier schon einmal die Bodenhaftung verlieren.

DIE WICHTIGSTEN SPIELREGELN

Ganz ohne Regeln geht es nicht, damit alle Spaß am Spiel haben.

● Spielleiter: Der Mensch entscheidet, was wann wo und wie lange gespielt wird. »Sitz!« oder »Platz!« heißt für den Hund Spielpause oder Spielende.

● Spielzeit: Auf den festen Spieltermin mit Herrchen (z. B. am frühen Abend) freut sich der Hund den ganzen Tag.

● Spieldauer: Bei Sportspielen braucht der Hund regelmäßige Verschnaufpausen, besonders im Sommerhalbjahr. Mit Kurzzeitspielen schützt man Junghunde, Senioren, übergewichtige und für Skelettprobleme anfällige Tiere vor übermäßiger Beanspruchung.

● Spielfeld: möglichst nur auf bekanntem Terrain spielen (z. B. im Garten). Verletzungsgefahr abseits der Wege (Spalten, Erdlöcher, spitze Äste und Steine, gefährlicher Müll), auf vereistem Untergrund, beim Schwimmen in unbekannten Gewässern.

● Spielzeug: Nach der Spiel-Session verschwindet ein Teil der Spielsachen im Schrank. Das sorgt dafür, dass sie für den Hund lange reizvoll bleiben.

● Trinkwasser: muss für vierbeinige Spieler immer erreichbar sein.

● Spielabbruch: wenn der Hund nur noch zögernd oder erkennbar lustlos mitmacht oder sich ganz verweigert.

SO SIEHT GUTES SPIELZEUG AUS

● Große, nicht zu schwere Bälle für »Fußball« und Ballboxen, Igelbälle zum Fangen und Apportieren. Ungeeignet: zu kleine Bälle, die verschluckt werden können und im Hals stecken bleiben.

● Frisbees sollten leicht sein und einen weichen Scheibenrand haben.

● Spieltaue aus derben Materialien (Baumwolle) widerstehen den Zähnen des Hundes am besten.

● Quietschtiere nur mit dicker, bissfester Gummihülle, um zu verhindern, dass das eingebaute Quietschelement verschluckt wird.

● Knabberspielzeug für Welpen muss widerstandsfähig sein: splitterfreies Beißholz, Vollgummiringe, Lappen aus fester Baumwolle.

Flyball-Artist oder lieber Vielseitigkeitssportler?
Testen Sie die sportlichen Gene
Ihres Hundes und machen Sie ihn zum Spitzensportler!

FÜR JEDEN HUND DIE RICHTIGE SPORTART

Agility verlangt Muckis und Mitdenken und macht müde Hunde munter (→ Seite 126): Der frei laufende Hund muss einen 100 bis 200 Meter langen Parcours mit 12 bis 20 Hindernissen möglichst schnell und fehlerfrei überwinden, der Halter läuft parallel zu den Hindernissen mit und dirigiert seinen Vierbeiner mit Kommandos und Gesten. Ähnliche Ansprüche an die Disziplin, Führigkeit und Konzentration eines Hundes stellt **Obedience** (engl. für Gehorsam), wozu so unterschiedliche Disziplinen wie Freifolge, Hürdensprung, Apport, Leinenführigkeit, Voraussenden und andere gehören. Beim **Flyball** dreht sich alles um eine Maschine, die einen Ball ausspuckt, wenn der Hund mit der Pfote eine Trittfläche berührt. Den Ball im Flug schnappen und im Rekordtempo über kleine Hürden zurück zu Start und Ziel, lautet die Devise. Im Wettkampf starten zwei Teams mit je vier Hunden gegeneinander. Wie Agility lässt sich Flyball mit einfachen Mitteln auch im eigenen Garten spielen. Bei **Trials für Hütehunde** treiben die Teilnehmer Schafe und müssen bestimmte Aufgaben erfüllen. Selbstständiges Handeln ist gefragt, der Hundeführer gibt Kommandos nur auf Distanz. Bei vielen Trials sind die Border Collies unter sich. **Windhundrennen** finden auf einem Rennbahnoval statt. Gejagt wird ein künstlicher Hase. Afghanen, Whippets und Greyhounds erreichen hier zum Teil so hohe Geschwindigkeiten, dass mancher die Kurve nicht bekommt. Bei den Irish Wolfhounds geht es meist etwas gemächlicher zu. Beim **Coursing** messen sich je zwei Windhunde in einem unebenen Gelände und verfolgen einen falschen Hasen, der im Zickzackkurs gezogen wird. **Schlittenhunderennen** sind das Metier von Huskys, Samojeden und Grönlandhunden. Die Arbeit mit einem Gespann aus mehreren Hunden verlangt Erfahrung und viel Zeit. Profis und ambitionierte Amateure halten ihre Tiere während der schneefreien Zeit vor einem Rollwagen (Pulka) fit. Im Hundesportverein kann jeder Hund seine Leistungsfähigkeit im **Turnierhundsport** (THS) unter Beweis stellen. Dazu gehören Disziplinen wie Hürden- und Geländelauf, Slalom sowie Mannschaftswettbewerbe über einen Geräteparcours. Im **Vielseitigkeitssport** sind Fährtenarbeit, Unterordnung und Schutzdienst gefragt. Infos über den Deutschen Hundesportverband (→ Adressen, Seite 141). Wer mit seinem Vierbeiner solo Sport treiben will, kann ganz klassisch mit **Joggen, Radfahren** oder **Wandern** einsteigen, oder er testet, ob sein Sportpartner Spaß am **Dog Dancing** hat, wo er zur Musikbegleitung Figuren vorführen soll.

SCHON GEWUSST?

- Hundepfoten sind empfindlich. Fettcreme (z. B. Vaseline) schützt sie im Winter vor verharschtem Schnee und Streusalz. Wege mit scharfkantigem Split sollten für den Hund ebenso tabu sein wie Straßen, bei denen der Teer in der Sommerhitze aufgeweicht ist.

- Sport ersetzt nicht das tägliche Gassigehen. Nur hier darf der Hund nach Herzenslust schnüffeln und kann sich so ein Bild davon machen, was in seiner Umgebung passiert und welche Artgenossen wann und wo unterwegs waren.

- Viele Hundeschulen bieten Vorbereitungskurse an, in denen man testen kann, ob der Vierbeiner das Zeug für eine Karriere im Turnierhundsport oder bei Agility hat.

DER WELLENREITER UND DIE FLASCHENPOST

Zögern in die stärkste Brandung stürzen, selbst wenn sie dabei von den Wellen immer wieder heftig gebeutelt werden und zwischenzeitlich völlig untertauchen.

Expresslieferung für Flaschenpost Einen Seehund, der einen Job erledigen muss, hält nichts zurück. Der Auftrag ist Pflicht: Die von Herrchen weit hinaus geworfene Plastikflasche muss an Land gebracht werden. Der mit allen Wassern gewaschene Flaschenpostbote wartet natürlich zuerst ab, bis das Apportierobjekt etwas näher an den Strand gespült wird. Einmal kurz die Schwimmrichtung peilen, dann wirft er sich den Wellen entgegen und paddelt aus Leibeskräften, bis er die Flasche zu fassen bekommt. Und wieder wird die Post pünktlich und zuverlässig zugestellt.

Angsthasen und Seebären Nicht wenige Hunde machen ums Wasser einen großen Bogen. Beim Urlaub am Meer geben sie selbst vor der kleinsten Welle Fersengeld, um sich ja nicht die Pfoten nass zu machen. Aber es gibt auch die wilden und todesmutigen Wellenreiter, die sich ohne

Die Dusche nach dem Schwimmen Nach jedem Bad Ihres Hundes im Meer sollten Sie ihn gründlich mit Leitungswasser abduschen, damit das salzige Meerwasser wieder aus seinem Fell ausgespült wird.

GLOSSAR

AUGENFARBE

Für die Farbe der Augen sind Farbpigmente in der Iris (Regenbogenhaut) verantwortlich. Da sich die Pigmente erst im Laufe der Entwicklung einlagern, kann man die endgültige Augenfarbe bei einem Welpen noch nicht erkennen. Bei ihm sind die Augen meist blau. Bei vielen älteren Hunden ist eine trübe und milchige Linse das Anzeichen nachlassender Sehkraft.

BEGRÜSSUNGSRITUAL

Wenn sich zwei Hunde begegnen, entscheidet der Geruch, ob sie sich freundlich oder abweisend verhalten. Zuerst beriecht man sich Nase an Nase, danach folgt die gegenseitige Duftkontrolle des Hinterteils (»Analgesicht«). Die Analdrüsen unter dem Schwanz geben Auskunft über Persönlichkeit und Stimmung des Hundes.

DOMESTIKATION

Der Hund ist unser ältestes Haustier. Domestizierte Hunde gab es schon vor mindestens 14.000 Jahren. Im Vergleich zum Wolf hat der Hund bei gleicher Größe den kleineren Schädel, das kleinere Gehirn und kleinere Zähne. Zu Beginn der Haustierwerdung zählte der Gebrauchswert des Hundes, heute spielt das Aussehen die wichtigste Rolle.

GEBRAUCHSHUNDE

Gebrauchshunde übernehmen Bewachungsaufträge, arbeiten für Polizei und Zoll und bei Katastrophen- und Rettungseinsätzen. Anerkannte Gebrauchshunderassen: Deutscher Schäferhund, Hovawart, Boxer, Airedale Terrier, Riesenschnauzer, Bouvier des Flandres, Dobermann, Malinois. Viele Jagdhundrassen werden ebenfalls als Gebrauchshunde geführt, z. B. der Deutsch Kurzhaar.

GERUCHSSINN

Der Hund lebt in einer Geruchswelt. Düfte bestimmen sein Leben weitaus stärker als optische Eindrücke. Je nach Rasse umfasst das Riechfeld in der Hundenase bis zu 200 Millionen Riechzellen und mehr (beim Menschen sind es 8 Millionen). Die Feuchtigkeit in der Nase bindet die Duftstoffe und leitet sie zu den Riechzellen weiter. Im Gehirn werden die Duftinformationen beim Hund von 40-mal mehr Zellen weiterverarbeitet als bei uns. Besonders wichtig ist der Geruchssinn beim Markieren, auf der Jagd, im Sexualverhalten und beim Begrüßungsritual.

HÖRVERMÖGEN

Das Gehör des Hundes registriert Töne von 15 Hertz bis in den Ultraschallbereich von 40.000 Hertz und mehr. Hundepfeifen arbeiten mit diesen sehr hohen und für uns unhörbaren Tönen (obere Hörgrenze beim Menschen: maximal 20.000 Hz). Hunde mit aufrecht stehenden Ohren können die Ohrmuscheln auf die Schallquelle ausrichten und sie so exakt lokalisieren.

HUNDEARTIGE

Zur Familie der Hundeartigen *(Canidae)* gehören alle heute lebenden Wildhunde, darunter u. a. die Füchse, Marderhunde, Rothunde, Afrikanischen Wildhunde und die Wolfs- und Schakalartigen (Gattung *Canis*), zu denen auch der Haushund zählt. Mit Ausnahme Australiens haben die Hunde alle Erdteile besiedelt.

IMPONIEREN

Kämpfe zwischen Hunden kosten viel Kraft und bringen ein hohes Verletzungsrisiko mit sich. Durch Imponieren lassen sich Auseinandersetzungen häufig vermeiden. Der imponierende Hund versucht den Kontrahenten zu beeindrucken, indem er sich möglichst groß macht, seinem Gegenüber die Breitseite zeigt, ihn fest im Blick hat und Nacken-, Rücken- und Schwanzhaare sträubt.

KASTRATION

Eine kastrierte Hündin kann nicht mehr läufig (→ unten) werden. Die Operation verhindert weitere Trächtigkeiten, Scheinschwangerschaften (→ Seite 135) und Gebärmutterentzündungen; das Risiko einer Brustkrebserkrankung verringert sich. Der Tierarzt entfernt die Eierstöcke und zum Teil auch die Gebärmutter, während er bei einer Sterilisation nur die Eileiter durchtrennt. Bei der Kastration des Rüden werden die Hoden entfernt.

KÖRPERSPRACHE

Für das Rudeltier Hund ist die fehlerfreie Verständigung mit den Artgenossen (und auch dem Menschen) wichtig. Die Körpersprache wird meist von Lautsignalen (→ unten) begleitet.

LÄUFIGKEIT

Die Hündin wird zwischen Januar und März und zwischen August und Oktober für jeweils drei Wochen läufig. In dieser Zeit ist sie unruhig, markiert häufig und scheidet ein blutiges Sekret aus. Fortpflanzungsbereit ist sie in der 5–10-tägigen Hochbrunst.

LAUTSPRACHE

Haushunde sind »redefreudiger« als ihre wild lebenden Vorfahren, die sich vor allem mit Körpersignalen verständigen. Hunde können bellen, knurren, heulen, jaulen, fiepen und winseln und vieles mehr und dabei je nach Bedeutung Klangfarbe, Tonhöhe und Tonfolge der Lautäußerungen verändern. Im »Gespräch« mit dem Menschen setzt der Hund bevorzugt bestimmte Laute ein, zum Beispiel das Bellen. Untereinander hingegen bellen Hunde eher selten.

MARKIEREN

Hunde grenzen ihren Eigenbereich mit Geruchsmarken ab. Beim Markieren setzt der Rüde Harn ab, bevorzugt dort, wo schon andere Artgenossen ihre Duftbotschaft hinterlassen haben. Auch dominante Hündinnen markieren regelmäßig. Markiert wird meist an Pfosten, großen Steinen, Hausecken, Zäunen und anderen prominenten Geländeerhebungen und Wegzeichen. Die Duftmarken geben Auskunft darüber, wer sich hier wann verewigt hat und welche Revier- und Besitzansprüche er anmeldet.

MILCHTRITT

Die neugeborenen Welpen sind blind, taub und hilflos. Ganz ohne fremde Hilfe legen sie jedoch den beschwerlichen Weg zur mütterlichen Milchbar zurück. Angeboren ist ihnen auch, wie der Milchfluss angeregt werden muss. Der Welpe stemmt sich während des Trinkens mit den Beinen immer wieder vom Körper der Mutter ab und sorgt mit diesem rhythmischen Milchtritt für eine effektive Massage der Brustdrüsen.

RANGORDNUNG

Bei den Wölfen hat jedes Rudelmitglied einen festen Rang. Auch der Haushund zeichnet sich durch die Bereitschaft aus, sich in eine Gruppe einzuordnen und den Anweisungen des Rudelführers zu folgen. Im Ersatzrudel der Familie anerkennt er seinen Besitzer als Rudelchef, verlangt von ihm aber Führungsqualität und Durchsetzungsvermögen.

RASSEN

Die Hunde einer Rasse ähneln sich im Erscheinungsbild und Wesen. Die rassetypischen Merkmale werden im Rassestandard festgelegt. Die Fédération Cynologique Internationale (→ Adressen, Seite 141), der internationale Dachverband der Rassezuchtvereine, teilt die anerkannten Rassen in elf Gruppen ein, darunter u. a. Hüte- und Treibhunde, Windhunde, Terrier und Vorstehhunde.

REVIER

Auf der Suche nach geeigneter Beute legen Wölfe weite Wanderungen zurück und grenzen an ihrem jeweiligen Aufenthaltsort vermutlich ein »mobiles« Revier ab. Hunde hingegen besitzen ein festes Territorium, dessen Mitte von der Wohnung oder dem Haus ihres Menschenrudels gebildet wird. Als Teil des Reviers betrachten viele Hunde auch Bereiche und Objekte, die von der Familie häufig benutzt werden, etwa der Garten und das Auto. Je nach Rasse und Erziehung ist der Verteidigungsinstinkt des Hundes unterschiedlich stark ausgeprägt.

RUDEL

Ein Hund, der keinen regelmäßigen Kontakt mit Artgenossen oder Menschen hat, verkümmert und wird krank. Hunde sind Rudeltiere, ihre Lebensgemeinschaft ist die Gruppe. Die Gruppe bietet Schutz und Geborgenheit und sichert die Versorgung der Mitglieder. Die Ansprüche des Rudels haben immer Vorrang. Dieser Maxime folgt auch ein Familienhund, wenn er zum Beispiel ohne Rücksicht auf das eigene Risiko Mitglieder seiner Familie beschützt.

SCHEINSCHWANGERSCHAFT

Nach jeder Läufigkeit wird eine nicht erfolgreich gedeckte Hündin scheinschwanger. Diese Hormonumstellung verläuft meist unauffällig, manche Tiere aber zeigen alle Trächtigkeitssymptome: Sie bauen Nester, behandeln Spielzeug wie Welpen, ihr Gesäuge schwillt an, und sie produzieren meist auch Milch.

SEHVERMÖGEN

Das Auge des Hundes nimmt Bewegungen besser wahr als unbewegte Objekte. Dank seines breiten Gesichtsfelds (je nach Rasse zwischen 200 und 270 Grad) entgeht dem Hund nichts, was um ihn herum passiert. Im Farbensehen und in der Sehschärfe ist das Hundeauge dem menschlichen unterlegen, und zur räumlichen Wahrnehmung sind Hunde nur in einem relativ schmalen Bereich ihres Sehfeldes fähig.

SEXUALVERHALTEN

Die Läufigkeit (→ Seite 133) wird meist von deutlicheren Verhaltensänderungen begleitet. Die Hündin ist unruhig, nervös und oft so schmusebedürftig, dass sie ihrem Besitzer kaum von der Seite weicht. Während der heißen Phase (Hochbrunst) versucht sie auf der Suche nach einem Geschlechtspartner auszubüxen. Von den Duftstoffen, die eine läufige Hündin abgibt, werden Rüden selbst aus großer Entfernung angelockt.

SOZIALISIERUNG

Die Lernbereitschaft des Welpen ist von der 4. bis 14. Lebenswoche besonders groß. Erfahrungen, die er während dieser Sozialisierungsphase macht, prägen das ganze Hundeleben.

WURF

Die Hündin trägt in der Regel 63 Tage und bringt durchschnittlich sechs Welpen zur Welt, bei kleinen Hunden zum Teil auch deutlich mehr, bei Großrassen oft weniger. Die Geschwister eines Wurfs können von verschiedenen Vätern stammen.

ZEHENGÄNGER

Hunde sind Zehengänger. Bei dieser Bewegungsart berührt nur ein kleiner Teil des Fußes (Finger und Zehen) den Boden, wodurch die Sprintfähigkeiten verbessert und hohe Laufgeschwindigkeiten erreicht werden können. Außer den Hundeartigen (*Canidae*) sind auch die Katzenartigen (*Felidae*), viele Schleichkatzen (*Viverridae*) und die Hyänen (*Hyaenidae*) Zehengänger. Der Mensch ist wie alle Primaten ein Sohlengänger.

MAKING OF ...

Monika Wegler, geboren in Köln, absolvierte nach dem Gymnasium erfolgreich ihre Ausbildung zur Fotografin im Werbestudio von Agfa Gevaert. Seit 1983 arbeitet sie als selbstständige Fotografin und Autorin in München. Ihr Schwerpunkt sind Heimtiere. Sie hat mehr als 70 erfolgreiche Ratgeber illustriert und viele davon auch selbst geschrieben. Neben der Bucharbeit ist sie durch ihre beliebten Tierkalender und unzähligen Veröffentlichungen in Zeitschriften und in der Werbung weit über die Grenzen Deutschlands hinaus bekannt geworden. Wenn Sie mehr über die Fotografin und Autorin erfahren möchten, können Sie sich ausführlich auf ihrer Hompage informieren: www.wegler.de

Das Konzept Angefangen hat alles mit der Idee, einen Ratgeber zu schaffen, der den Hund einmal aus einem ganz anderen Blickwinkel zeigt. Eingebettet in ein großzügiges Layout unterstreichen doppelseitige Aufmacherfotos und Foto-Storys die Texte. In speziellen Geschichten spricht auch einmal der Hund zum Mensch und legt seine Bedürfnisse dar. Ob es uns gelungen ist, liebe Leser, Ihnen auf diese Weise »den Schlüssel zur Seele Ihres Hundes« näherzubringen, beurteilen Sie jedoch am besten selbst.

Fototipps Durch die rasante Entwicklung in der digitalen Fotografie samt Fotobearbeitungsprogrammen und immer günstigeren und leistungsfähigeren Kameras wird heute so viel fotografiert, wie nie zuvor. Doch nicht der eingebaute Chip, sondern Sie sollten bestimmen, wie das Foto aussehen soll. Hier einige Tipps aus meiner Praxis:
• Schnelle Bewegungen benötigen eine kurze Verschlusszeit von mindestens 1/1000 Sek., wenn das Foto scharf sein soll.
• Mit einem Tele kann man das Tier näher ins Bild holen, ohne es in seiner Aktion abzulenken.

• Zoomobjektive im Gegensatz zu starren Brennweiten ersparen mir aufwendige Objektivwechsel. Das ist gerade in der Tierfotografie, wo ich schnell reagieren muss, ein großes Plus.

• Versuchen Sie, Ihre Perspektive zu verändern und nicht nur von oben herab zu fotografieren. Begeben Sie sich auf die gleiche Ebene mit Ihrem Tier.

• Besondere Dynamik und Tiefenwirkung erzielt man durch den Einsatz eines Weitwinkelobjektivs.

• Eine Makroaufnahme bringt Abwechslung und neuartige Sichtweisen.

• Achten Sie stets auf ruhige Hintergründe, damit nichts Störendes den Blick vom Tier ablenkt.

• Kein Tier bei schlechten Lichtverhältnissen direkt in die Augen blitzen! Das schadet ihm und zerstört zusätzlich die gesamte Atmosphäre.

• Lobende, freundliche Worte, Streicheleinheiten und der Einsatz von Leckerlis wirken motivierend und führen zu mehr Erfolg als harsche Befehle und nervöse Hektik.

• Verlieren Sie nie die Geduld mit Ihrem tierischen Freund, und lassen Sie sich nicht entmutigen, falls Ihnen einmal etwas misslingt. Das gehört mit zu den Erfahrungen, die jeder Tierfotograf macht, und auch ich als Profi habe gelernt, damit zu leben. Zum Schluss möchte ich es nicht versäumen, all den engagierten Hundehaltern mit ihren vierbeinigen Stars aus Deutschland und England, die mir für diesen Ratgeber Modell standen, herzlich zu danken und ihnen alles Glück der Welt zu wünschen.

REGISTER

Halbfette Seitenzahlen verweisen auf
Fotos. **U** = Umschlag vorne

A

Afghane 11, 15
Agility 126, 129
Airedale Terrier 58, 59
Alaskan Malamute 8
Altersprobleme 32
Ammendienst 102, 112
Analgesicht 24, 28, **30, 31,** 49, **49**
Anatomie 15
Appetitlosigkeit 40
Apportieren 14, **79,** 125, **130, 131**
Aufreiten 39, 100, **100**
Augenfarbe 113, 132
Australian Shepherd **45, 90**

B

Ball spielen **6, 10, 11,** 14, 18, **118, 119,**
    120, 122, 123, **123–125, 128, 133**
Basset Hound 18, **32, 33**
Beagle 15, 39, **41, 67, 106, 110–112**
Bearded Collie 15, **23,** 126, **127, 133**
Begrüßungsritual 5, 23, 28, **30, 31,** 49,
    49, 132
Bellen 39, **51,** 65, 84
Berner Sennenhund 70
Betteln 39, 63
Bewegungsbedarf **12,** 19, 40, 77, 120

Bewegungsphasen 10–13
Bewegungssehen 25, 26
Blindenführhunde 73
Border Collie 15, **18, 118,** 120
Buddeln **34,** 38, **50**

C

Caniden 8, 9, 50, 88, 121, 133
Clickertraining 84
Cocker Spaniel **6,** 39
Coursing 129

D

Dackel 11, 18, 74, 108
Dalmatiner 12, 15, 96, 97
Deckakt 99, 100, **100**
Dobermann 12, 15, 58, 59
Dog Dancing 84, 129
Domestikation 45, 47, 50, 51, 60, 71,
    132
Dominanz 39, 49, **49**
Drohen 62
Duftgedächtnis 28, 66
Duftmarken **31,** 65, 66

E

English Bulldog 18
English Springer Spaniel **10, 11, 50,**
    105
Erkundungsverhalten 16, 51, 112, 115,
    116
Ernährung **86,** 88 ff., **93**
Erziehung 32, 36, 37, 39, 40, 52, 53, 66,

    77, 82–84, 91, 92, 1116, 117
Eskimohunde 8

F

Farbensehen 26
Fell 61
Fellsträuben 49, **49,** 61, 62, 64
Fertigfutter 91
Flyball 129
Fortpflanzung 96 ff.
    – des Wolfs 97, 99
Fressen 38, 40
Futter schlingen 38, 89
Futter selbst zubereiten 91
Füttern 19, 88–93
Fütterungsfehler 91
Fütterungsregeln 92, 93

G

Galopp 10–13, 15
Gebiss 60, 93
Gebrauchshunde 132
Geburt 102, 103, 113
Geschlechtsreife 47, 51
Geschmackssinn 26
Golden Retriever **2,** 15, 16, **17, 37, 38,**
    51, 78, **78, 79,** 96, **98, 99, 102, 133**

H

Handaufzucht 112
»Hängen« bei der Paarung 99, 100
Haustierwerdung 45, 47, 50, 51, 60, 71,
    132

Hecheln 19
Heimfindevermögen 27
Hetzjäger 9
Heulen 60, 65
Hindernisparcours 14
Hörvermögen 24, 25, 32, 40, 132
    –, nachlassendes 40
Hund
    –, älterer 18
    –, ängstlicher 84
    –, Entwicklung beim 51, 99, 113, 122
    –, Herzvolumen beim 15
    – und Mensch 70 ff.
Hunde
    – als Co-Therapeuten 73, **82,** 83
    – und Katzen 39
    – und Kinder 78, 80, **80,** 81
    –, verwilderte 47
Hundeartige 8, 9, 50, 88, 121, 133
Hundeschule 83, 129
Hütehunde 72, 73, 129

I

Iditarod-Schlittenhunderennen 8
Imponieren 49, **49,** 58, 64, 133
Innere Uhr 32, 36
Intelligenz 53
Irish Setter 12, 15, 39

J

Jack Russell Terrier 15, **34,** 39, **55, 128**
Jagdhunde 39, 71, 72, 93
Jagdtrieb 11, 29, 39, 47, 51, 53

Jaulen 65
Joggen 14, 16, 19, 129

K

Kastration 104, 133
Kastration, laparoskopische 103
Knurren 65
Kommandos geben 31, 32, 52, 66
Kommunikation **31,** 48, **48,** 49, **49,** 51, 58, 59, 60, 65, **94**
    –, rassebedingte Probleme der 66
Körpergröße 11
Körpersprache 49, **49,** 51, 58–64, 133
Kotfressen 91
Kromfohrländer 88, 89

L

Labrador Retriever **14,** 15, **15, 40, 46,** **47,** 78, **78, 79, 109, 123, 134**
Lagotto Romagnolo 23
Laufgeschwindigkeit 8, 9, 11, 14, 15
Läufigkeit 65, 98, 99, 103, 104, 133
    –, erste 103
Lautsprache 51, **51,** 58, 59, 62, 63, 65, 133
Leinenführigkeit 40, 117

M

Magyar Vizsla **98, 99**
Männchen machen 125
Markieren 22, 23, 30, 31, **31,** 51, 65, 66, 134
Milchtritt 110, 134

Milchzähne 111
Mimik 51, 64, 66
Mischling, Deutsch Kurzhaar und Harzer Fuchs **56, 60–62,** U

N

Nestwärme 110
Nordic Walking 16

O

Obedience 129
Ohren 61, 62, 64–66

P

Paarung 97–99, 100, **100**
Pariahunde 47
Pfote 13, 19, 27, 63, 129
    – geben 63, **85,** 124, 125
Pubertät 113

R

Radfahren 14
Rangordnung 39, 52, 53, 113, 134
Rassen 15, 38, 66, 71, 81, 104, 122, 134
    –, älteste 53
Rettungshunde 73
Revier 51, 60, 66, 73, 134
Revierverhalten 23, 30, 36–38
Rhodesian Ridgeback **28,** 39
Riechen 22–24, 28–30, **30,** 31, **31,** 32, 40, 49, 51, 53, 58, 66, **72,** 76, 132
Riechzellen 28, 29

Rudel **42,** 44, 45, 49, 50, 52, 59, 60, 76, 77, 97, 121
Ruhebedürfnis 40
Rute 49, **49,** 61, 62, 64, 66

S

Saluki 11, 15
Säugen **92,** 111
Scheinschwangerschaft 103, 104, 113, 135
Schlittenhunde 8, 9, 93
Schlittenhunderennen 129
Schlüsselbein 15
Schutztrieb 38
Schwimmen 14, 19, 78, **78, 79,** 130
Schwitzen 19
Sealyham Terrier **89**
Sehvermögen 25, 26, 32, 41, 135
–, nachlassendes 32, 41
Sexualverhalten 24, 28, 29, 39, 65, 96, 97, **100,** 135
Siberian Husky 8, **9,** 15, 39, **64, 114, 115**
Sinnesleistungen 22–32, 51, 53, 76
–, nachlassende 32, 40, 41
Skelettprobleme 18, 19
Sozialisierungsphase 113, 135
Spielaufforderung 63, 64, **81**
Spielertypen 122
Spielgesicht 64
Spielregeln 128
Spieltraining 124, 125
Spielzeug **40, 79, 121,** 128
Sport und Spiele **14, 15,** 16, 18, 19, **40, 42, 48,** 52–54, 77, 78, **98, 99,** 118 ff., **122,** 129, **130, 131**

Stadthunde 73
Stereotypien 38, 39
Sterilisation 103
Stimmfühlungslaut 24, 25, 51
Streunen 39, 84, 96
Stubenreinheit 117

T

Tastsinn 26, 27
Telepathie 27
Tervueren **116, 117**
Tierschutzgesetz 104
Trab 9–11, 15, 40
Trächtigkeit 100, **101,** 102, 103, 110
–, unerwünschte 103
Tragzeit 100
Träumen 65
Trinkwasser 91
Trüffelsuche 22, 23
Turnierhundsport 129

U

Übergewicht 18, 88, 91
Ungehorsam 84
Unsauberkeit 84
Unsicherheit 61, 62

V

Verhalten 36–39, 62–66, 90
–, zwanghaftes 41
Verhaltensänderungen beim alten Hund 40, 41
Verhaltensprobleme 32, 39, 40, 52, 77

Vielseitigkeitssport 129
Vorstehhund **71**

W

Wachhunde 36, 37, 53, 72
Wälzen 29, 38, **38**
Welpen 18, **23, 40, 45–47,** 51, **52,** 74, **75, 76, 77, 77,** 80, 81, 82, 83, **89, 92, 93, 93,** 96, 97, 99–102, **102,** 103, 104, **106,** 108 ff., **109, 110–112, 114,** 115, **115–117,** 121, **123, 127, 133, 135**
-aufzucht 108 ff.
–, Augenfarbe der 113
–, Erziehung der 82, 83
–, Geruchssinn der 110
–, nicht angenommene 111
-spiele 112, 115, 121
-spieltage 83, 115
Widerristhöhe 11
Windhunde 11, 15, 26, 39
Windhundrennen 129
Wolf 8, 44, 46, 47, 50, 51, 58–60, 88, 89, 97, 99, 113
Wolfsrudel 25, 46, 50, 89, 109, 110, 113
Wolfswelpen 51, 109, 110, 111

Z

Zehengänger 15, 135
Züchten 71, 72, 104
Zuchtwertschätzung 104
Zughunde 70, 71, 73
Zwergdackel **75, 92, 93, 135**
Zwergpudel 12, 18, **59, 135**

ADRESSEN, DIE WEITERHELFEN

Fédération Cynologique Internationale (FCI), Place Albert 1er, 13, B-6530 Thuin, www.fci.be

Verband für das Deutsche Hundewesen e. V. (VDH), Westfalendamm 174, 44141 Dortmund, www.vdh.de

Österreichischer Kynologenverband (ÖKV), Siegfried-Marcus-Str. 7, A-2362 Biedermannsdorf, www.oekv.at

Schweizerische Kynologische Gesellschaft (SKG/SCS), Brunnmattstr. 24, CH-3007 Bern, www.skg.ch

Deutscher Tierschutzbund e. V., Baumschulallee 15, 53115 Bonn, www.tierschutzbund.de

Deutscher Hundesportverband e. V., Ennertsweg 51, 58675 Hemer, www.dhv-hundesport.de

Berufsverband der Hundeerzieher/innen und Verhaltensberater/innen e. V. (BHV), Eichenweg 2, 65527 Niedernhausen, www.hundeschule.de

Forschungskreis Heimtiere in der Gesellschaft, Postfach 110728, 28087 Bremen, www.mensch-heimtier.de

Fragen zur Haltung von Hunden beantworten
Ihr Zoofachhändler und der Zentralverband Zoologischer Fachbetriebe Deutschlands e. V. (ZZF), Tel. (0611) 44755332 (nur telefonische Auskunft möglich: Mo 12–16 Uhr, Do 8–12 Uhr), www.zzf.de

Die Streichelbande e. V., Christiane Vidacovich (1. Vorsitzende), Heilmaierstr. 7, 81477 München, www.streichelbande.de

KRANKENVERSICHERUNG

Uelzener Versicherungen, Postfach 2163, 29511 Uelzen, www.uelzener.de

Puntobiz GmbH, Immendorfer Str. 1, 50354 Hürth, www.tierversicherung.biz

AGILA Haustierversicherung AG, Breite Str. 6–8, 30159 Hannover, www.agila.de

Allianz, Königinstr. 28, 80802 München, www.katzeundhund.allianz.de

Fast alle Versicherungen bieten auch Haftpflichtversicherungen für Hunde an.

Bundesverband praktizierender Tierärzte e. V. (BPT), www.smile-tierliebe.de
Über das Online-Tierärzteverzeichnis des BPT finden Sie Tierärzte in Ihrer Nähe.

REGISTRIERUNG VON HUNDEN

Deutsches Haustierregister, Deutscher Tierschutzbund e. V., Baumschulallee 15, 53115 Bonn, www.deutsches-haustierregister.de

TASSO e. V., Abt. Haustierzentralregister, 65784 Hattersheim, Tel. (06190) 937300, www.tasso.net

Internationale Zentrale Tierregistrierung (IFTA), Nördliche Ringstr. 10, 91126 Schwabach, Tel. (00800) 43820000 (kostenlos), www.tierregistrierung.de

Wer seinen Hund vor Tierfängern und dem Tod im Versuchslabor schützen will, kann ihn hier registrieren lassen.

Urlaubs-Beratungsservice des Deutschen Tierschutzbundes, Tel. (0228) 6049627, Mo–Do von 10–18 Uhr, Fr von 10–16 Uhr

ADRESSEN IM INTERNET

www.ivh-online.de Homepage des Industrieverbandes Heimtierbedarf e. V. (IVH) mit vielen Infos über Hunde

www.thmev.de Der Verein »Tiere helfen Menschen e. V.« besucht mit Tieren kranke und behinderte Menschen.

www.tierklinik.de Informationsportal zur Tiermedizin, mit Ratgeber, Info Erste Hilfe, Notdienstadressen u. v. a.

www.haushueter.org Verband Deutscher Haushüter Agenturen e. V. (VDHA)

www.ggtm.de Homepage der Gesellschaft für ganzheitliche Tiermedizin e. V.

www.hunde.com Wissenswertes zu Ernährung, Gesundheit, Erziehung, Sport und Pflege auf über 200.000 Seiten

www.spass-mit-hund.de Spiele, Sport und Spaß mit Hunden

www.ferien-mit-hund.de Die besten Adressen für Reisen mit dem Hund

www.hallohund.de Tipps zu Haltung, Erziehung und Ernährung, Fotogalerie, Bücher, Forum und Videos

www.hundeadressen.de Hunde in Not, Hundeschulen, Tierkliniken u. v. a.

BÜCHER, DIE WEITERHELFEN

Birmelin, I.: Schlauer Hund. So fördern Sie, was in ihm steckt. Gräfe und Unzer Verlag

Feddersen-Petersen, D. U.: Hundepsychologie. Franckh-Kosmos Verlag

Hegewald-Kawich, H.: Hunderassen von A bis Z. Gräfe und Unzer Verlag

Krowatschek, D.: Kinder brauchen Tiere. Patmos Verlag

Krüger, A.: Besser kommunizieren mit dem Hund. Gräfe und Unzer Verlag

Kübler, H.: Quickfinder Hundekrankheiten. Gräfe und Unzer Verlag

Ludwig, G.: Das große GU Praxishandbuch Hunde. Gräfe und Unzer Verlag

McConnell, P. B.: Das andere Ende der Leine. Was unseren Umgang mit Hunden bestimmt. Kynos Verlag

Rütter, M.: Hund – Deutsch, Deutsch – Hund. Langenscheidt Verlag

Schlegl-Kofler, K.: Das große GU   Praxishandbuch Hunde-Erziehung. Gräfe und Unzer Verlag

Schlegl-Kofler, K.: Hundesprache. Gräfe und Unzer Verlag

Trumler, E.: Mit dem Hund auf du. Piper Verlag

Wolf, K.: Hunde – Spiel & Sport. Gräfe und Unzer Verlag

Zimen, E.: Der Hund. Abstammung – Verhalten – Mensch und Hund. Goldmann Verlag

ZEITSCHRIFTEN

Der Hund. Deutscher Bauernverlag GmbH, Berlin, www.derhund.de

Partner Hund. Gong Verlag, Ismaning, www.partner-hund.de

Das Deutsche Hundemagazin. Gong Verlag, Ismaning, www.deutsches-hundemagazin.de

Unser Rassehund. Verband für das Deutsche Hundewesen e. V. (Hrsg.), Dortmund, www.unserrassehund.de

Dogs. Gruner + Jahr, Hamburg, www.dogs-magazin.de

Freude am Tier

GU Tierratgeber – damit Ihr Heimtier sich wohlfühlt

ISBN 978-3-8338-1599-7
192 Seiten

ISBN 978-3-8338-1367-2
192 Seiten

ISBN 978-3-8338-0059-7
96 Seiten

ISBN 978-3-8338-0871-5
256 Seiten

ISBN 978-3-8338-1195-1
64 Seiten

ISBN 978-3-8338-1605-5
64 Seiten

ISBN 978-3-7742-1604-4
64 Seiten

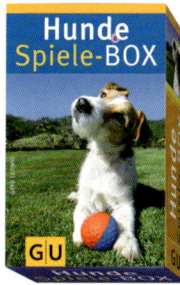

ISBN 978-3-8338-0784-8
40 Trainingskarten, Begleitbuch
plus Doggy-Klick

Das macht sie so besonders:

Rat vom Experten – bestens informiert

Gut versorgt – von Anfang an

Tolle Ideen – mit Wohlfühlgarantie

Willkommen im Leben.

DER AUTOR

Dr. Gerd Ludwig ist Zoologe und Journalist. Für den Gräfe und Unzer Verlag hat er mehrere Ratgeber über Katzen, Hunde und Ratten geschrieben.

DIE FOTOGRAFIN

Monika Wegler dankt Autor Gerd Ludwig, Redakteurin Anita Zellner, Herstellerin Susanne Mühldorfer und Lektorin Gabriele Linke-Grün für ihre Mitarbeit und ihr großes Engagement. Alle Fotos in diesem Buch stammen von Monika Wegler.

DANK

Autor und Verlag danken Prof. Dr. Harald Schliemann für fachliche Beratung und wichtige Informationen zur Biologie des Hundes sowie Dr. med. vet. Heidi Kübler, Katharina Schlegl-Kofler, Christiane Vidacovich und Horst Hegewald-Kawich für ihre Experten-Tipps in »Nachgefragt«.

WICHTIGE HINWEISE

Die Informationen und Empfehlungen in diesem Buch beziehen sich auf normal entwickelte, charakterlich einwandfreie Hunde. Wer ein erwachsenes Tier zu sich nimmt, muss berücksichtigen, dass dieser Hund bereits durch den Menschen geprägt ist und bestimmte Gewohnheiten hat. Er sollte sich vor der Kaufentscheidung unbedingt mit ihm vertraut machen. Bei Hunden aus dem Tierheim können Pfleger und Tierheimleitung oft Auskunft über die Vorgeschichte des Vierbeiners geben. Auch bei einem gut erzogenen und sorgfältig beaufsichtigten Hund lässt sich das Risiko nicht völlig ausschließen, dass er Schäden an fremdem Eigentum anrichtet oder sogar einen Unfall verursacht. In jedem Fall ist ein ausreichender Versicherungsschutz zu empfehlen.

IMPRESSUM

© 2010 GRÄFE UND UNZER VERLAG GmbH, München. Alle Rechte vorbehalten. Nachdruck, auch auszugsweise, sowie Verbreitung durch Bild, Funk, Fernsehen und Internet, durch fotomechanische Wiedergabe, Tonträger und Datenverarbeitungssysteme jeder Art nur mit schriftlicher Genehmigung des Verlages.

Projektleitung: Anita Zellner
Lektorat: Gabriele Linke-Grün
Idee und Konzept: Gabriele Linke-Grün, Monika Wegler, Anita Zellner
Bildredaktion: Gabriele Linke-Grün, Anita Zellner
Umschlaggestaltung und Layout: independent Medien-Design, Horst Moser, München
Herstellung: Susanne Mühldorfer
Satz: Ludger Vorfeld
Reproduktion: Longo AG, Bozen
Druck: Firmengruppe APPL, aprinta druck, Wemding
Bindung: Firmengruppe APPL, m.appl, Wemding

Printed in Germany

ISBN 978-3-8338-1803-5

1. Auflage 2010

Syndication:
www.jalag-syndication.de

GRÄFE UND UNZER

Ein Unternehmen der
GANSKE VERLAGSGRUPPE